本書根據廣東省立中山圖書館藏清光緒十六年（1890）石印本影印

魚雷圖說

（清）黎晋賢 編著

广西师范大学出版社
GUANGXI NORMAL UNIVERSITY PRESS
· 桂林 ·

魚雷圖説
YULEI TUSHUO

圖書在版編目（CIP）數據

魚雷圖説 / (清) 黎晋賢編著. —桂林：廣西師範大學出版社，2018.7
（西樵歷史文化文獻叢書）
ISBN 978-7-5598-1026-7

Ⅰ. ①魚… Ⅱ. ①黎… Ⅲ. ①魚雷－設計－中國－清代 Ⅳ. ①TJ610.2

中國版本圖書館 CIP 數據核字（2018）第 147246 號

廣西師範大學出版社出版發行
（廣西桂林市五里店路 9 號　郵政編碼：541004
網址：http://www.bbtpress.com）
出版人：張藝兵
全國新華書店經銷
廣西民族印刷包裝集團有限公司印刷
（南寧市高新區高新三路 1 號　郵政編碼：530007）
開本：890 mm × 1 240 mm　1/32
印張：10　　字數：125 千字
2018 年 7 月第 1 版　　2018 年 7 月第 1 次印刷
定價：48.00 元

《西樵歷史文化文獻叢書》編輯委員會

叢書總序

温春來　梁耀斌

呈現在讀者面前的，是一套圍繞佛山市南海區西樵鎮編修的叢書。爲一個鎮編一套叢書並不出奇，但爲一個鎮編撰一套多達兩三百種圖書的叢書可能就比較罕見了。編者的想法其實挺簡單，就是要全面整理西樵鎮的歷史文化資源，探索一條發掘地方歷史文化資源的有效途徑。最後編成一套規模巨大的叢書，僅僅因爲非如此不足以呈現西樵鎮深厚而複雜的文化底蘊。叢書編者秉持現代學術理念，並非好大喜功之輩。僅僅爲確定叢書框架與大致書目，編委會就組織七八人，研讀各個版本之西樵方志，通過各種途徑檢索全國各大公藏機構之古籍書目，並多次深入西樵鎮各村開展田野調查，總計歷時六月餘之久。隨着調研的深入，編委會益發感覺到面對着的是一片浩瀚無涯的知識與思想的海洋，於是經過反復討論、磋商，決定根據西樵的實際情況，編修一套有品位、有深度、能在當代樹立典範並能夠傳諸後世的大型叢書。

天下之西樵

明嘉靖初年，浙江著名學者方豪在《西樵書院記》中感慨：『西樵者，天下之西樵，非嶺南之西樵也。』① 此話係因當時著名理學家、一代名臣方獻夫而發，有其特定的語境，但卻在無意之間精當地揭示了西樵在整個中華文明與中國歷史進程中的意義。

西樵鎮位於珠江三角洲腹地的佛山市南海區西南部，北距省城廣州 40 多公里，以境内之西樵山而得名。西樵山由第三紀古火山噴發而成，山峰石色絢爛如錦。相傳廣州人前往東南羅浮山采樵，謂之東樵，往西面錦石山采樵，謂之西樵，『南粤名山數二樵』之説長期流傳，在廣西俗語中也有『桂林家家曉，廣東數二樵』之句。珠江三角洲平野數百里，西樵山拔地而起於西江、北江之間，面積約 14 平方公里，中央主峰大科峰海拔 340 餘米。據説過去大科峰上有觀日臺，雞鳴登臨可觀日出，夜間可看到羊城燈火。如今登上大科峰，一覽山下魚塘河涌縱横，闤闠閭閻錯落相間，西、北兩江左右爲帶。②

西樵山幽深秀麗，是廣東著名風景區。然而更值得我們注意的，是以她爲核心的一塊僅有 100 多平方公里的土地，在中國歷史的長時段中，不斷産生出具有標志性意義的文化財富以及能夠成爲某個時代標籤的歷史人物。珠江三角洲是一個發育於海灣内的複合三角洲，其發育包括圍田平原和沙田平原的先後形成過程。西樵山見證了這一過程，並且在這一片廣闊區域的文明起源與演變的歷史中扮演着重要角色。作爲多次噴發後熄滅的古火山丘，組成西樵山山體的岩石種類多樣，其中有華南地區並不多見的霏細岩與燧石，這兩種岩石因石質堅硬等原因，成爲古人類製作石器的理想材料。大約 6000 年前，當今天的珠江三角洲還是洲潭遍佈、一片汪洋的時候，這一片地域的史前人類，就不約而同地彙集到優質石料蘊藏豐富的西樵山，尋找製造生産工具的原料，留下了大量打製、磨製的雙肩石器和大批有人工打擊痕跡的石片。在著名考古學家賈蘭坡

① 方豪：《棠陵文集》（收入《四庫全書存目叢書》集部第 64 册），卷 3，《記・西樵書院記》。

② 參見曾騏《珠江文明的燈塔——南海西樵山考古遺址》，廣州：中山大學出版社，1995 年。

先生看來，當時的西樵山是我國南方最大規模的採石場和新石器製造基地，北方只有山西鵝毛口能與之比肩，因此把它們並列爲中國新石器時代南北兩大石器製造場①，並率先提出了考古學意義上的『西樵山文化』②。以霏細岩雙肩石器爲代表的西樵山石器製造品在珠三角的廣泛分佈，意味着該地區『出現了社會分工與產品交换』③，這些凝聚着人類早期智慧的工具，指引了嶺南農業文明時代的到來，所以有學者將西樵山形象地比喻爲『珠江文明的燈塔』④。除珠江三角洲外，以霏細岩爲原料的西樵山雙肩石器，還廣泛發現於粵西、廣西及東南亞半島的新石器至青銅時期遺址，顯示出瀕臨大海的西樵古遺址，不但是新石器時代南中國文明的一個象徵，而且其影響與意義還可以放到東南亞文明的範圍中去理解。

不過，文字所載的西樵歷史並没有考古文化那麼久遠。儘管在當地人的歷史記憶中，南越王趙佗陪同漢朝使臣陸賈游山、唐末曹松推廣種茶、南漢開國皇帝之兄劉隱宴遊是很重要的事件，但在留存於世的文獻系統中，西樵作爲重要的書寫對象出現要晚至明代中葉，這與珠江三角洲在經濟、文化上的崛起是一脈相承的。當時，著名理學家湛若水、霍韜以及西樵人方獻夫等在西樵山分别建立了書院，長期在此讀書、講學，他們的許多思想產生或闡釋於西樵的山水之間，例如湛若水在西樵設教，門人記其所言，是爲《樵語》。方獻夫在《西樵遺稿》中談到了他與湛、霍二人在西樵切磋學問的情景：『三（書）院鼎峙，予三人常來往，講學其

① 賈蘭坡、尤玉柱：《山西懷仁鵝毛口石器製造場遺址》，《考古學報》1973 年第 2 期。
② 賈蘭坡：《廣東地區古人類學及考古學研究的未來希望》，《理論與實踐》1960 年第 3 期。
③ 楊式挺：《試論西樵山文化》，《考古學報》1985 年第 1 期。
④ 曾騏：《珠江文明的燈塔——南海西樵山考古遺址》，第 30—42 頁。

間，藏修十餘年。』① 王陽明對三人的論學非常期許，希望他們珍惜機會，時時相聚，爲後世儒林留下千古佳話，他致信湛若水時稱：『叔賢（即方獻夫）志節遠出流俗，渭先（即霍韜）雖未久處，一見知爲忠信之士，乃聞不時一相見，何耶？英賢之生，何幸同時共地，又可虛度光陰，容易失卻此大機會，是使後人而復惜後人也！』② 西樵山與作爲明代思想與學術主流的理學之關係，意味着她已成爲一座具有全國性意義的人文名山，這正是方豪『天下之西樵』的涵義。清人劉子秀亦云：『當湛子講席，五方問業雲集，山中大科之名，幾與嶽麓、白鹿鼎峙，故西樵遂稱道學之山。』③ 方豪同時還稱：『西樵者，非天下之西樵，天下後世之西樵也。』一語道出了人文西樵所具有的長久生命力。這一點方豪也没有説錯，除上述幾位理學家外，從明中葉迄今，還有衆多知名學者與文章大家，諸如陳白沙、李孔修、龐嵩、何維柏、戚繼光、郭棐、葉春及、李待問、屈大均、袁枚、李調元、温汝適、朱次琦、康有爲、丘逢甲、郭沫若、董必武、秦牧、賀敬之、趙樸初等等，留下了吟詠西樵山的詩、文，今天我們走進西樵山，還可發現140多處摩崖石刻，主要分佈在翠岩、九龍岩、金鼠塱、白雲洞等處。與西樵成爲嶺南人文的景觀象徵相應的是山志編修。嘉靖年間，湛若水弟子周學心編纂了最早的《西樵山志》，萬曆年間，霍韜從孫霍尚守以周氏《樵志》『誇誕失實』之故而再修《西樵山志》，清初羅國器又加以重修，這三部方志已佚失，我們今天能看到的是乾隆初年西樵人士馬符録留下的志書。除山志外，直接以西樵山爲主題的書籍尚有成書於清乾隆年間的《西樵遊覽記》、道光年間的《西樵白雲洞志》、光緒年間的《紀遊西樵山記》等。

① 方獻夫：《西樵遺稿》，康熙三十五年（1696）方林鶴重刊本，卷6，《石泉書院記》。
② 王陽明：《王文成全書》，四庫本，卷4，《文録・書一・答甘泉二》。
③ 劉子秀：《西樵遊覽記》，道光十三年（1833）補刊本，卷2，《圖説》。

晚清以降，西樵山及其周邊地區（主要是今天西樵鎮範圍）產生了一批在思想、藝術、實業、學術、武術等方面走在中國最前沿的人物，成爲中國走向近代的一個縮影。維新變法領袖康有爲、一代武術宗師黄飛鴻、民族工業先驅陳啟沅、『中國近代工程之父』詹天佑、清末出洋考察五大臣之一的戴鴻慈、『嶺南第一才女』冼玉清、粤劇大師任劍輝等西樵鄉賢，都成爲具有標志性或象徵性的歷史人物。

事實上，明代諸理學家講學時期的西樵山，已非與世隔絶的修身之地，而是與整個珠江三角洲的開發聯繫在一起的。西樵鎮地處西、北江航道流經地域，是典型的嶺南水鄉，境内河網交錯，河涌多達 19 條，總長度 120 多公里，將鎮内各村聯成一片，並可外達佛山、廣州等地。① 傳統時期，西樵的許多墟市，正是在這些水邊興起的。今鎮政府所在地官山，在正德、嘉靖年間已發展成爲觀（官）山市，是爲西樵有據可查的第一個墟市。據統計，明清時期，全境共有墟市 78 個。② 西樵山上的石材、茶葉可通過水路和墟市，滿足遠近各方的需求。一直到晚清之前，茶業在西樵都堪稱舉足輕重，清人稱『樵茶甲南海，山民以茶爲業，鬻茶而舉火者萬家』③。當年山上主要的採石地點，後由於地下水浸漫而放棄的石燕岩洞，因生産遺跡完整且水陸結合而受到考古學界重視，成爲繼原始石器製造場之後的又一重大考古遺址。

水網縱横的環境使得珠江三角洲堤圍遍佈，西樵山剛好地處横跨南海、順德兩地的著名大型堤圍——桑園圍中，而且是桑園圍形成的地理基礎之一。歷史時期，西、北江的沙泥沿着西樵山和龍江山、錦屏山等海灣中島嶼或丘陵臺地旁邊逐漸沉積下來。宋代珠江三角洲沖積加快，人們開始零零星星地修築一些『秋欄基』

① 《南海市西樵山旅遊度假區志》，廣州：廣東人民出版社，2009 年，第 188—192 頁。
② 《南海市西樵山旅遊度假區志》，第 393 頁。
③ 劉子秀：《西樵遊覽記》，卷 10，《名賢》。

以阻擋潮水對田地的浸泛，這就是桑園圍修築的起因。[1] 明清時期在桑園圍內發展起了著名的果基、桑基魚塘，使這裡成爲珠江三角洲最爲繁庶之地。不難想象僅僅在幾十年前，西樵山還是被簇擁在一望無涯的桑林魚塘間的景象。如今桑林雖已大都變爲菜地、道路和樓房，但從西樵山山南路下山，走到半山腰放眼望去，尚可看見數萬畝連片的魚塘，這片魚塘現已被評爲聯合國教科文組織保護單位，是珠三角地區面積最大、保護最好、最爲完整的（桑基）魚塘之一。

桑基魚塘在明清時期達於鼎盛，成爲珠三角經濟崛起的一個重要標志，與此相伴生的，是另一個重要產業——繅絲與紡織的興盛。聯繫到這段歷史，由西樵人陳啟沅在自己的家鄉來建立中國第一家近代機器繅絲廠就在情理之中了。開廠之初，陳啟沅招聘的工人，大都來自今西樵鎮的簡村與吉水村一帶，而陳啟沅本人，也深深介入到了西樵的地方事務之中。[2] 從這個層面上看，把西樵視爲近代民族工業的起源地或許並非溢美之辭。但傳統繅絲的從業者數量仍然龐大，據光緒年間南海知縣徐賡陛的描述，當時西樵一帶以紡織爲業的機工有三四萬人。[3] 作爲產生了黃飛鴻這樣深具符號性意義的南拳名家的西樵，武術風氣濃厚，機工們大都習武，並且圍繞錦綸堂組織起來，形成了令官府感到威脅的力量。民國初年，西樵民樂村的程姓村民，對原來只能織單一平紋紗的織機進行改革，運用起綜的小提花和人力扯花方法，發明了馬鞍絲織提花絞綜，首創具有扭眼通花團的新品種——香雲紗，開創莨紗綢類絲織先河。香雲紗輕薄柔軟而富有身骨，深受廣州、上海、南京等地富人喜歡，在歐洲也被視爲珍品。上世紀二三十年代是香雲紗發展的黃金時期，如民樂林村

① 曾少卓：《桑園圍自然背景的變化》，中國水利學會等編《桑園圍暨珠江三角洲水利史討論會論文集》，廣州：廣東科技出版社，1992年，第51頁。

② 陳天傑、陳秋桐：《廣東第一間蒸汽繅絲廠繼昌隆及其創辦人陳啟沅》，載《中華文史資料文庫》第12卷《經濟工商編》，北京：中國文史出版社，1996年，第784—787頁。

③ 徐賡陛：《辦理學堂鄉情形第二稟》，載《皇朝經世文續編》，近代中國史料叢刊本，卷83，《兵政・剿匪下》。

程家一族600人，除1人務農之外，均以織紗爲業。① 隨着化纖織物的興起，香雲紗因工藝繁複、生產週期長等原因失去了競争力，但作爲重要的非物質文化遺産受到保護。西樵不僅在中國近代紡織史上地位顯赫，而且其影響一直延續至今。1998年，中國第一家紡織工程技術研發中心在西樵建成。2002年12月，中國紡織工業協會授予西樵『中國面料名鎮』稱號。② 2004年，西樵成爲全國首個紡織産業升級示範區，國家級紡織檢測研發機構相繼進駐，紡織産業創新平臺不斷完善。③ 據不完全統計，西樵整個紡織行業每年開發的新産品有上萬個。④

除上文提及的武術、香雲紗工藝外，更多的西樵非物質文化遺産是各種信仰與儀式。西樵信仰日衆多，其中較著名者有觀音開庫、觀音誕、大仙誕、北帝誕、師傅誕、婆娘誕、土地誕、龍母誕等。據統計，全鎮共擁有105處民間信仰場所，其中除去建築時間不詳者，可以明確斷代的，建於宋代的有3所，即百西村六祖廟、西邊三帝廟、牌樓周爺廟；建於元明間的有1所，即河溪北帝廟；建於明代的有2所，分别是百西村北帝祖廟和百西村洪聖廟；建於清代的廟宇有28所；其餘要麽是建於民國，要麽是改革開放後重建，真正的新建信仰場所寥寥無幾。⑤ 除神廟外，西樵的每個自然村落中都分佈着數量不等的祠堂，相較於西樵山上的那些理

① 《南海市西樵山旅遊度假區志》，第323頁。

② 《南海市西樵山旅遊度假區志》，第303—304頁。

③ 《西樵紡織行業加快自主創新能力》，見中國紡織工業協會主辦、中國紡織信息中心承辦之『中國紡織工業信息網』，http://news.ctei.gov.cn/zxzx—lmxx/12495.htm。

④ 《開發創新走向國際　西樵紡織企業年開發新品上萬個》，見中國紡織工業協會主辦、中國紡織信息中心承辦之『中國紡織工業信息網』，http://news.ctei.gov.cn/zxzx—lmxx/12496.htm。

⑤ 梁耀斌：《廣東省佛山市西樵鎮民間信仰的現狀與管理研究》，中山大學2011年碩士學位論文。

學聖地，神靈與祖先無疑更貼近普通百姓的生活。西樵的一些神靈信仰日，如觀音誕、大仙誕，影響遠及珠江三角洲許多地區乃至香港，每年都吸引數十萬人前來朝聖。

傳統文化的基礎工程

上文對西樵的一些初步勾勒，揭示了嶺南歷史與文化的幾個重要面相。進而言之，從整個中華文明與中國歷史進程的角度去看，西樵在不同時期所產生的文化財富與歷史人物，或者具有全國性意義，或者可以放在中華文明統一性與多元化的辯證中去理解，正所謂『西樵者，天下之西樵，非嶺南之西樵也』。不吝人力與物力，將博大精深的西樵文化遺產全面發掘、整理並呈現出來，是當代西樵各界人士以及有志於推動嶺南地方文化建設的學者們的共同責任。這決定了《西樵歷史文化文獻叢書》不是一個簡單的跟風行爲，也不是一個隨便的權宜之計。叢書是展現給世界看的，也是展現給未來看的，我們力圖把這片浩瀚無涯的知識寶庫呈現於世人之前，我們更希望，過了很多年之後，西樵的子孫們，仍然能夠爲這套叢書而感到驕傲，所有對嶺南歷史與文化感興趣的人們，能夠感激這套叢書爲他們做了非常重要的資料積纍。根據這一指導思想，經過反復討論，編委會確定了叢書的基本內容與收録原則，其詳可參見叢書之『編撰凡例』，在此僅作如下補充説明。

叢書尚在方案論證階段，許多知情者就已半開玩笑半認真地名之爲『西樵版四庫全書』，這個有趣的概括非常切合我們對叢書品位的追求，且頗具宣傳效應，是對我們的一種理解和鼓舞。但較之四庫全書編修的時代，當代人對文化與學術的理解顯然更具多元性與平民情懷，那個時代有資格列入『四庫』的，主要是知識精英們創造的文字資料，我們固然會以窮搜極討的態度，不遺餘力地搜集這類資料，但我們同樣重視尋常百姓書寫的文獻，諸如家譜、契約、書信等等，它們現在大都散存於民間，保存狀況非常糟糕，如果不及時搜集，就會逐漸毀損消亡。

能夠體現叢書編者的現代意識的，還有邀請相關領域的專業人士以遵循學術規範爲前提，通過深入田野調查撰寫的描述物質文化遺產、非物質文化遺産的作品。這兩部分内容加上各種歷史文獻，構成了完整的地方傳統文化資源。目前不管是學術界還是地方政府，均尚未有意識地根據這三大類别，對某個地域的傳統文化展開全面系統的發掘、整理與出版工作。在這個意義上，《西樵歷史文化文獻叢書》無疑具有較大開拓性、前瞻性與示範性。叢書編者進而提出了『傳統文化的基礎工程』這一概念，意即拋棄任何功利性的想法，扎扎實實地將地方傳統文化全面發掘並呈現出來，形成能夠促進學術積累並能夠傳諸後世的資料寶庫，在真正體現出一個地方的文化深度與品位的同時，爲相關的文化産業開發提供堅實基礎。希望《西樵歷史文化文獻叢書》的推出，在這個方面能産生積極影響。

高校與地方政府合作的成果

西樵人文底蘊深厚，這是叢書能夠編撰的基礎；西樵鎮地處繁華的珠江三角洲，則使得叢書編撰有了充足的物質保障。然而，這樣浩大的文化工程能夠實施，光憑天時、地利是不夠的，一群志同道合的有心者所表現出來的『人和』也是非常關鍵的因素。

2009 年底，西樵鎮黨委和政府就有了整理、出版西樵文獻的想法，次年 1 月，鎮黨委書記邀請了中山大學歷史學系幾位教授專程到西樵討論此事。通過幾天的考察與交流，幾位鎮領導與中大學者一致認定，以現代學術理念爲指導，爲了全面呈現西樵文化，必須將文獻作者的範圍從精英層面擴展到普通百姓，並且應將物質文化遺産與非物質文化遺産的内容也包括進來，形成一套《西樵歷史文化文獻叢書》。爲了慎重起見，決定由中大歷史學系幾位教授組織力量進行先期調研，確定叢書編撰的可行性與規模。經過6個多月的努力，調研組將成果提交給西樵鎮黨委，由相關領導與學者坐下來反復討論、修改、再討論……，並廣泛徵求西樵地方文化人士的意見，與他們進行座談。歷時兩個多月，逐漸擬定了叢書的編撰凡例與大致書目，並彙報給南海區委、區政府與中山大學校方，得到了高度重視與支持。2010年9月底，簽定了合作協議，組成了《西樵歷史文化文獻叢書》編輯委員會，決定由西樵鎮政府出資並負責協調與聯絡，由中山大學相關學者牽頭，組織研究力量具體實施叢書的編撰工作。

值得一提的是，《西樵歷史文化文獻叢書》是近年來中山大學與南海區政府廣泛合作的重要成果之一，並爲雙方更深入地進行文化領域的合作打下了堅實基礎。2011年6月，中山大學與南海區政府決定在西樵山共建『中山大學嶺南文化研究院』，康有爲當年讀書的三湖書院，經重修後將作爲研究院的辦公場所與教學、研究基地。嶺南文化研究院秉持高水準、國際化、開放式的發展定位，將集科學研究、教學、學術交流、服務地方爲一體，力争建設成爲在國際上有較大影響的嶺南文化研究中心、資料信息中心、學術交流中心、人才培養基地。研究院的成立，是對西樵作爲嶺南文化精粹所在及其在中華文明史中的地位的肯定，編撰《西樵歷史文化文獻叢書》也順理成章地成爲研究院目前最重要的工作之一。

在已超越温飽階段，人民普遍有更高層次追求，同時市場意識又已深入人心的中國當代社會，傳統文化迎來了新一輪的復興態勢。這對地方政府與學術界都是新的機遇，同時也產生了值得思考的問題：如何在直接的經濟利益與謹嚴求真的文化研究之間尋求平衡？我們是追求短期的物質收穫還是長期的區域形象？當各地都在弘揚自己的文化之際，如何將本地的文化建設得具有更大的氣魄和胸襟？《西樵歷史文化文獻叢書》或許可以視爲對這些見仁見智問題的一種回答。

叢書編撰凡例

一、本叢書的『西樵』指的是以今廣東省佛山市南海區西樵鎮爲核心、以文獻形成時的西樵地域概念爲範圍的區域，如今日之丹灶、九江、吉利、龍津、沙頭等地，均根據歷史情況具體處理。

二、本叢書旨在全面發掘並弘揚西樵歷史文化，其基本内容分爲三大類別：（1）歷史文獻（如志乘、家乘、鄉賢寓賢之論著、金石、檔案、民間文書以及紀念鄉賢寓賢之著述等）；（2）非物質文化遺産（如口述史、傳説、民謡與民諺、民俗與民間信仰、生産技藝等）；（3）自然與物質文化遺産（如地貌、景觀、遺址、建築等）。擴展内容分爲兩大類別：（1）有關西樵文化的研究論著；（2）有關西樵的通俗讀物。出版時，分別以《西樵歷史文化文獻叢書·歷史文獻系列》、《西樵歷史文化文獻叢書·非物質文化遺産系列》、《西樵歷史文化文獻叢書·自然與物質文化遺産系列》、《西樵歷史文化文獻叢書·研究論著系列》、《西樵歷史文化文獻叢書·通俗讀物系列》命名。

三、本叢書收録之歷史文獻，其作者應已有蓋棺定論（即於 2010 年 1 月 1 日之前謝世）；如作者爲鄉賢，則其出生地應屬於當時的西樵區域；如作者爲寓賢，則作者曾生活於當時的西樵區域内。

四、鄉賢著述，不論其内容是否直接涉及西樵，但凡該著作具有文化文獻價值，可代表西樵人之文化成就，即收録之；寓賢著述，但凡作者因在西樵活動而有相當知名度且在中國文化史上有一席之地，則其著述内容無論是否與西樵有關，亦收録之；非鄉賢及寓賢之著述，凡較多涉及當時的西樵區域之歷史、文化、景觀者，亦予收録。

五、本叢書所收録紀念鄉賢之論著，遵行本凡例第三條所定之蓋棺定論原則及第一條所定之地域限定，且叢書編者只搜集留存於世的相關紀念文字，不爲鄉賢新撰回憶與懷念文章。

六、本叢書收録之志乘，除此次編修叢書時新編之外，均編修於1949年之前。

七、本叢書收録之家乘，均編修於1949年之前，如係新中國成立後的新修譜，可視情況選擇譜序予以結集出版。地域上，以2010年1月1日之西樵行政區域爲重點，如歷史上屬於西樵地區的百姓願將族譜收入本叢書，亦從其願。

八、本叢書收録之金石、檔案和民間文書，均産生於1949年之前，且其存在地點或作者屬於當時之西樵區域。

九、本叢書整理收録之西樵非物質文化遺産，地域上以2010年1月1日之西樵行政區域爲準，内容包括傳説、民謡、民諺、民俗、信仰、儀式、生産技藝及各行業各戰綫代表人物的口述史等，由專業人員在系統、深入的田野工作基礎上，遵循相關學術規範撰述而成。

十、本叢書整理收録之西樵自然與物質文化遺産，地域上以2010年1月1日之西樵行政區域爲準，由專業人員在深入考察的基礎上，遵循相關學術規範撰述而成。

十一、本叢書之研究论著系列，主要收録研究西樵的專著與單篇論文，以及國内外知名大學的相關博士、碩士論文，由叢書編輯委員會邀請相關專家及高校合作收集整理或撰寫而成。

十二、本叢書組織相關人士，就西樵文化撰寫切合實際且具有較强可讀性和宣傳力度的作品，形成本叢書之通俗讀物系列。

十三、本叢書視文獻性質採取不同編輯方法。原文獻係綫裝古籍或契約者，影印出版，並視情況添加評介、題注、附録等；如係碑刻，採用拓片或照片加文字等方式，並添加説明；如爲民國及之後印行的文獻，或影印出版，或重新録入排版，並視情況補充相關資料；新編書籍採用簡體横排方式。

十四、本叢書撰有《西樵歷史文化文獻叢書書目提要》一冊。

總目

評介

劉巳齊

一、本書版本情况

本書《魚雷圖説》，又名《魚雷圖説問答》，作者黎晋賢。書作源於清末時期作者自德國學習魚雷製造和使用技術的經驗和心得，主要介紹當時西方先進的魚雷技術的發展狀况和技術水平。黎晋賢於光緒十六年（1890）編印此書，作爲北洋海軍魚雷營官兵的學習教材，以此來向北洋海軍魚雷營的官兵傳授魚雷的操作使用。國家圖書館、广东省立中山圖書館、北京大學圖書館、清華大學圖書館、河南大學圖書館以及臺灣均有收藏此書，但是各自的版本略有差别①，本文所叙版本爲廣東省立中山圖書館藏的版本。根据清華大學科技史暨古典文獻研究所的柴巍、馮立昇二位學者的考證，《魚雷圖説》一書主要有以下三個版本：一是清光緒十六年（1890）天津機器局石印本（下文簡稱原本），共二册九節，此版本刊印數不詳②；二是光

① 關於此書的研究參見杜國正《魚雷圖説》，《中國科技史料》1981年第4期；柴巍、馮立昇《〈魚雷圖説〉初探》，姜振環編《技術傳播與文化遺産》，北京：中國科學技術出版社，2013年，第3—14頁。

② 參見（清）黎晋賢《魚雷圖説》，國家圖書館藏光緒十六年天津機器局石印本。

緒二十六年（1900）上海鑄記書莊光緒二十八年（1902）盜印本（下文簡稱《格致叢書》本），十一卷，此版本刊印有兩千册①；三是光緒二十八年（1902）三月上海江南水師學堂魚雷營翻印本（下文簡稱南洋雷營本），共九節②。另外還有臺灣文聽閣圖書有限公司影印南洋雷營本出版的影印本，該版本在書名頁和目録頁之間附了一頁時任江南水師學堂總辦黎錦彝的跋文，但是其内容和光緒十六年天津機器局石印本的原本是一樣的。本文所叙的廣東省立中山圖書館藏的版本（下文稱廣東省圖藏本）③與上述三個版本的信息又有所不同，根據柴、馮二位學者所列的上述三種版本信息來看，原本和南洋雷營本的版式大小都是17cm×28cm，《格致叢書》本的版式大小爲13.2cm×19.9cm，而廣東省圖藏本版式大小爲18.5cm×13.4cm，此版本的下册最後一頁還附帶有一頁上下册各節的筆誤的詳細信息，這個是前三種版本所没有的，據此推斷，廣東省圖藏本刊行的時間應該是在南洋雷營本刊印之後，即光緒二十八年三月之後，除此之外其他的信息都與原本相同。

本文所叙廣東省圖藏本的内容也是依據原本。光緒十六年天津機器局石印本封面上有書名『魚雷圖

① 參見（清）黎晋賢《魚雷圖説》，北京大學圖書館藏上海鑄記書莊光緒二十八年（1902）盜印《格致叢書》收録本，轉引自柴巍、馮立昇《〈魚雷圖説〉初探》，姜振環編《技術傳播與文化遺産》，北京：中國科學技術出版社，2013年，第8頁。

② 參見（清）黎晋賢《魚雷圖説》，光緒二十八年上海江南水師學堂魚雷營翻印本，該版本現藏於臺灣，收録於林慶彰等編《晚清四部叢刊》第一編第86册，已由臺灣文聽閣圖書有限公司影印出版，臺中：文聽閣圖書有限公司，2010年。

③ 該版本中有多處『廣東人民圖書館藏書』的紅色印章，現藏於廣東省立中山圖書館，暫且稱其爲『廣東省圖藏本』，參見（清）黎晋賢《魚雷圖説》，廣東省立中山圖書館藏光緒十六年天津機器局石印本。

說』四個字，是由李鴻章題寫的，右上角有一個爲『青宮太傅』鈐印，後頁有『光緒十六年冬印於天津李鴻章署檢』的題記，左下角有兩個鈐印，分別是『文華殿大學士』『李鴻章印』。行格爲半頁十行、大字行二十三字，無欄線，板框爲四周雙邊，版心爲單魚尾、魚尾上小黑口，版心上『魚雷圖說名目問答』八個字，版心下有『北洋魚雷營總管都司黎晋賢繪纂』十四個字的題記。另外，廣東省圖藏本上冊第六頁（『雷體根源說』部分的首頁）的天頭右側有一個『054720』的編號，下冊第一頁（第四節首頁）的天頭右側有一個『054721』的編號，該頁地脚右側有一個『13829』的編號①，這些也是柴、馮所列版本中所沒有的。

二、編寫背景及作者簡介

自1840年鴉片戰爭之後，中國的國門被西方列强的堅船利炮所打開，腐朽的清政府不甘於落後挨打的現狀，從19世紀60年代開始，掀起了一場名爲『富强』『求富』的洋務運動，清政府中的洋務派陸續創辦了一批近代工業，並組建了幾支具有近代化性質的海軍，其中以北洋海軍實力最爲雄厚。但是由於洋務派所創辦的工業大都不健全，大量設備需要外購，北洋海軍的艦船也大多購自於西方，甚至連軍事人員也要外派到西方進行學習培訓，這就在當時的北洋海軍中出現了一批留學西方的軍事技術人員，他們在歸國後迅

① 通過廣東省立中山圖書館檢索系統發現，該編號爲其古籍索書號，但是前兩個編號含義未知，筆者推測可能是《魚雷圖說》在廣東省立中山圖書館現藏的某種未刊行的叢書裏的一個序列編號。

速參與到中國近代化海軍的建設中來，一些人就根據他們在西方所學習到的軍事技術和軍隊管理經驗，編寫出了許多軍事教程，《魚雷圖説》的作者黎晉賢就是其中的一員。黎晉賢，號翌廷，西樵黎村（現百西村）人，生卒年不詳，福建船政學堂出身，曾充當福星兵船管輪，爲北洋海軍立下不少汗馬功勞。清光緒五年（1879），福建船政大臣黎召棠覺得黎晉賢才性剛明，狀貌魁偉，是可塑之才，便選派其到德國負責監造北洋海軍定遠、鎮遠等鐵甲艦，後又派他到德國魚雷廠學習製造魚雷炮，前後留居德國長達六年。光緒十年（1884），中法戰爭爆發，李鴻章電飭黎晉賢回國創辦旅順魚雷營①，隨即黎被委任爲旅順魚雷營總管，統理各魚雷艦船，配置大沽口各炮機，以及旅順東西南北四岸的炮臺機器事務。黎歷補直隸大沽協營，盡先遊擊，加副將銜。晉賢好讀書，通曉德文，公餘手不釋卷。著有《魚雷圖説》上下兩卷，在由李鴻章題簽並刊印後，此書被分派到魚雷廠各兵輪暨海軍學堂的學生手中進行學習。終因積勞成疾，告假歸養，卒年三十八歲。② 他在家鄉病逝之後，他的牌匾歸入其家鄉西樵鎮百西大地村的北鎮黎氏祖祠之中，高掛在祠堂中門上。③

① 參見中國軍事博物館編《中國軍事史圖集》上卷，長沙：湖南人民出版社、湖南教育出版社，1998年，第462頁。
② 《南海縣誌》（清宣統二年刊本）卷二一，《列傳》，第1709—1710頁。
③ 參見現居住在佛山市南海區西樵鎮百西大地村九旬老住户黎德滿老人和黎晉賢後人黎悦成的回憶，源於佛山市南海區人民政府網站題名爲《大地村走出三位北洋水師將士》的文章報道，發布時間2014.08.18，http：//www.nanhai.gov.cn/cms/html/8621/2014/20140818110155618503106/20140818110155618503106_1.html，最後訪問時間2017.11.02。

三、本書收録及收藏情況

此書被收録的情況：清光緒二十六年（1900），《魚雷圖説》被上海鑄記書莊改作《魚雷圖書名目問答》，收録於該書莊編寫的《格致叢書》第27至28册之中，將原版光緒十六年天津機器局石印本的九節内容增删成十一卷；①清末宣統年間，《魚雷圖説》收録於《南海縣志》（清宣統二年刊本）的卷十一的《藝文略》之中，據光緒十六年天津機器局石印本；②民國時期，清末民初的藏書家丁立中編修的《八千卷樓書目》卷十子部的《兵家類》中收録其中一卷，據光緒十六年天津機器局石印本；③20世紀90年代，中國軍事博物館主編的《中國軍事史圖集》上卷第二編部分將其收録其中，有書簽、題名、目録的圖片，據光緒十六年天津機器局石印本；④21世紀初，光緒二十八年三月上海江南水師學堂魚雷營翻印本被完整收録於林慶彰等編的《晚清四部叢刊》（臺中：文聽閣圖書有限公司，2010年）第一編的第86册之中。⑤

廣東省圖藏本《魚雷圖説》分爲上下兩册，包括目録、正文、體例説明、正文各節筆誤糾正四個部分，共141頁，正文分爲九個章節，在這九個章節前又有一個獨立的篇章（『雷體根源説』）。全書採取繪圖著説

① 轉引自柴巍、馮立昇《〈魚雷圖説〉初探》，姜振環編《技術傳播與文化遺産》，北京：中國科學技術出版社，2013年，第8頁。
② 《南海縣誌》（清宣統二年刊本）卷十一，《藝文略》，第1014頁。
③ （清）丁立中編：《八千卷樓書目》（民國二十一年本）卷十，《子部》兵家，第240頁。
④ 中國軍事博物館編：《中國軍事史圖集》上卷，長沙：湖南人民出版社、湖南教育出版社，1998年，第534頁。
⑤ 參見（清）黎晋賢《魚雷圖説》，光緒二十八年上海江南水師學堂魚雷營翻印本，收録於林慶彰等編《晚清四部叢刊》第一編第86册，臺中：文聽閣圖書有限公司，2010年。

的方式，每節前有繪圖，每個圖例都以工程製圖的樣式按照魚雷實物進行相應比例尺大小的繪制，角度也十分精確，分爲正面、側面的外形圖，以及内部的剖面、分解圖，圖例後有圖説和問答，共149種圖例，149個問答。上册除了封面外共63頁，64幅圖例，其刊印順序依次是封面、目録、凡例（共3頁，文後附有一張不同角度的魚雷外形全圖）、雷體根源説（共5頁，）、第一節雷頭説（分爲操雷頭和戰雷頭兩部分，共25頁，28幅圖例）、第二節深淺機説（共22頁，30幅圖例）、第三節天氣缸説（共6頁，6幅圖例）。下册除了最後部分的筆誤糾正外共76頁，85幅圖例，其刊印順序依次是第四節機器艙説（共42頁，52幅圖例）、第五節浮力艙説（共6頁，6幅圖例）、第六節四坡輪艙説（共8頁，7幅圖例）、第七節十字架説（共10頁，10幅圖例）、第八節雙葉輪説（共5頁，5幅圖例）、第九節升降舵架説（共5頁，5幅圖例）以及最後一頁的《魚雷圖説》上下册各節筆誤部分。①

四、本書内容概要

黎晉賢採用當時西方技術人員的習慣做法，把經驗技術總結寫成圖書，以此保存知識記憶，來供大家學習，他在《魚雷圖説》凡例中説到『泰西制作，無論巨細，皆有成書繪圖注説，既不泯作者之苦心，又能益來者之智慧，其功用非細』。他認爲魚雷零部件單元種類繁多，需要將每一個零部件單元進行定名，編寫這本

① 參見（清）黎晉賢《魚雷圖説》，廣東省立中山圖書館藏光緒十六年天津機器局石印本。

書就是爲了清楚的認識各零部件單元的名稱，無論是在船廠還是學堂，都要進行定名，這樣就不至於以後出現辨認困難的情況。當學生、弁兵、工匠研習魚雷遇到不懂的問題之時，可以根據此書來找到解決的辦法。他編寫此書的目的就是將此作爲研習魚雷的入門教材，將魚雷的每一個零部件單元繪成圖例放到書上，配予文字説明，並提出問題和解答，這樣非常便於學習魚雷者閲覽，在知識的接受程度上分層級漸進，能够很好的掌握要點。對於一些難以命名的部件，作者用加圈的方式予以分別，『凡有關係之處，並非專件，難以命名者均以千字文之字加以大圈代之。比諸用干支而加偏旁者較多醒目』①。

他提到，魚雷的管理和操作上，方法一定要得當：『魚雷之事，較定、施用、收儲者並重。使較定不得其法，則用之不靈；施用不得其法，不能克敵；收儲不得其法，則利器損壞，巨款虛糜，均足貽誤，其咎非輕。故在廠、在庫、在船，以及臨敵，無時不關緊要。』② 他指出了魚雷較定、施用、收儲三者之間的關聯性問題，如果這個問題得不到重視，後果十分嚴重。

在雷體根源説部分，介紹了魚雷名稱的由來，以及魚雷早期的發展史。③ 因爲其形體圓長，前頭爲橢圓狀，後半部分有尾翅，能够在水中行使並擊沈船只，故稱此名。同治三年（1864），奥匈帝國海軍軍官的盧庇烏斯（Giovanni Luppis）提出利用高壓容器中的壓縮空氣推動發動機活塞工作原理，帶動螺旋槳使雷體在

---

① （清）黎晉賢：《魚雷圖説》上册，廣東省立中山圖書館藏光緒十六年天津機器局石印本，第3頁。
② （清）黎晉賢：《魚雷圖説》上册，廣東省立中山圖書館藏光緒十六年天津機器局石印本，第3—4頁。
③ （清）黎晉賢：《魚雷圖説》上册，廣東省立中山圖書館藏光緒十六年天津機器局石印本，第6—10頁。

水中艇行並攻擊敵艦的設想，但是未能投入實戰。而後曾參與這項研製工作的英國工程師羅伯特·懷特黑德（Robert Whitehead）得到奧匈帝國政府資助，於1866年成功地研製出第一枚魚雷，利用壓縮空氣作爲能源使發動機帶動單螺旋槳推進，通過液壓閥操縱魚雷尾部的水平舵板控制魚雷的艇行深度。① 當時根據懷特黑德的名字（意譯爲『白色』）而命名爲『白頭魚雷』。此後多次用於戰爭，清政府看到了其在戰爭中的巨大威力，於光緒七年（1881）引進魚雷②，並不斷向歐洲英、德等國購買，如在光緒十三年（1887），就一次性向德國的刷次考甫（SchwartzKopf）工廠購買了兩百枚。黎晋賢又分別簡要地介紹了魚雷的九個部件，即雷頭、深淺機、天氣缸、機器艙、浮力艙、四坡輪艙、十字架、雙葉輪、升降舵架它們的功能和作用，並强調了最難掌握又是最重要的三項。在每一節中對每個部分的零部件都進行了非常細致的解說，在圖像角度上有正面、剖面、側面、後面、外形等。

五、本書各節内容簡介

第一節介紹魚雷的雷頭，該節共有24幅圖例（這些圖例又細分爲51張分解圖），40個問答。③ 魚雷頭分爲操雷頭和戰雷頭，操雷頭是供軍隊訓練或試驗和鑒定性使用的魚雷，操雷段内不裝炸藥，而裝有各種測

① 石秀華編：《水中兵器概論——魚雷部分》，西安：西北工業大學出版社，1995年，第6—9頁。
② 參見杜國正《魚雷圖說》，《中國科技史料》1981年第4期。
③ （清）黎晋賢：《魚雷圖說》上册，廣東省立中山圖書館藏光緒十六年天津機器局石印本，第11—14、23—26、16—22、30—35頁。

試儀表和上浮裝置，用以測定魚雷的航行性能以及保證魚雷航行終了時能自動上浮和便於打撈，這種裝有操雷段的魚雷稱爲操雷。① 節前繪制有操雷頭全圖，另有操雷頭銅殼、立蓋、夾套管喉、假雷機、鐵鍵、假棉藥管、鐵餅、木餅、木撑條、紙圈、橡皮圈、子圈的圖示。戰雷頭部分，魚雷頭上那個具有裝載炸藥的艙段，叫作戰雷段。戰雷段裏除裝有炸藥外還裝有引信，以便起爆炸藥。戰雷段一般在頭部，也稱爲戰雷頭。戰雷段是對目標起直接破壞作用的部分，有時也稱爲戰鬥部。戰雷段是魚雷最重要的組成部分。在戰鬥中，魚雷的其餘組成部分都是用來保證將戰雷段準確可靠地送到目標處，從而達到摧毀目標的目的。② 戰雷頭的圖示有全圖、四翅鋼鎗、前槍殼、保險紅銅片、内壓圈、四眼壓圈、後機殼、擋鍵和擋鍵皮條、銅信、暴藥管、引藥管（又有牛皮圈、螺盂蓋、小螺蓋、薄膠片、乾棉藥段）、戰雷頭銅殼、復立蓋、井字式木襯等部件。除了圖示，還有40個答問，其中屬於定義類的有：操雷頭、假雷機的含義；屬於部件用處類的有：鍍錫、澆鋪濃胡麻油、項下八個進水孔、淺氣眼、準平痕、三筍釘、三窩眼、通長直線、假棉藥管、鐵餅木餅撑條、子圈橡皮圈紙圖、膛内下面方鉛、愆水螺眼螺鍵、四翅鋼鎗、前機殼、保險銅片、内壓圈、四眼壓圈、後機殼、檔鍵及皮條、六角銅信、銀暴藥管、引藥管等部件的用處；屬於異同類的有：立蓋、夾套管、管喉、魚嘴圓口、操雷頭和戰雷頭的子口、兩者的輕重尺寸的異同；另外還有諸如新式操雷頭比老式要輕但其藥量是否也減少了、雷頭銅

① 石秀華、王曉娟編：《水中兵器概論——魚雷分册》，西安：西北工業大學出版社，2005年，第4—5頁。
② 石秀華、王曉娟編：《水中兵器概論——魚雷分册》，西安：西北工業大學出版社，2005年，第6頁。

殼的厚薄程度、戰雷頭機器有幾種及藥量有多重、乾棉藥共有幾暇及其輕重尺寸、濕棉藥餅有多少水汽爲何不用幹的、濕棉藥餅輕重塊數力量怎樣、戰雷頭殼輕重尺寸何如、戰雷頭棉藥裝入鏜内後其立蓋如何封焊等問題的提出與解答。

第二節介紹魚雷的深淺機部分，即借助水力控制魚雷在水中進行升降的部分。① 該節共有30幅圖例（這些圖例又細分爲48張分解圖），29個問答。② 圖例包括：深淺機全圖、深淺機銅殼、前立蓋、蓋管、活銅餅、樞管、樞軸、三角撑鐄架並套管、記數輪並架、餅圈、三鋼撑鐄、壓圈、橡皮餅、擺鉈、頂鉈鋼鐄、碰鐄並桿（又分爲圓頭螺鍵、頂鉈螺鍵、緊鐄螺鍵）、碰墊、推拉鐄並桿、管舵臂、拉舵鉤、銅絲弔鉤、曲肱箱、曲肱、曲拐、後立蓋、子圈、橡皮圈、紙圈。29個問答中屬於定義類的有：何謂深淺機、深淺機有多少零部件各自名目、銅機殼、深淺機爲何不是一次做成的、何爲擺鉈；屬於用處類的有：前立蓋、蓋管、活銅餅、樞管、樞軸、三角撑鐄架並套管、記數輪、柄圈、三鋼撑鐄、壓圈、橡皮餅、鉈框、頂鉈鋼鐄頂鉈螺鍵兩物、碰鐄、雙碰墊、推拉鐄、管舵臂、拉舵鉤、銅絲吊鉤、曲肱箱、曲肱曲拐等部件的用處；屬於異同類的有：後立蓋與雷頭之後立蓋形體的用法異同、子圈橡皮圈紙圖與操雷頭所用者異同，以及深淺機在整個雷體中的内外直徑重量是多少等問題。

① （清）黎晋賢：《魚雷圖説》上册，廣東省立中山圖書館藏光緒十六年天津機器局石印本，第48頁。
② （清）黎晋賢：《魚雷圖説》上册，廣東省立中山圖書館藏光緒十六年天津機器局石印本，第36—43、48—57頁。

第三節介紹魚雷的天氣缸，爲儲蓄空氣的部分，是魚雷的能源支撑。① 該節共有6幅圖例（這些圖例又細分爲12張分解圖），5個答問。② 本節圖例包括：天氣缸全圖、天氣缸後蓋、天氣缸前蓋、氣喉、拉舵桿、三脚拐並拐架。5個答問中屬於定義類的有：氣喉；屬於用處類的有：天氣缸、拉舵桿、三角拐並拐架等部件用處；以及天氣缸尺寸重量及滿載空氣重量是多少的問題。

第四節介紹魚雷中部的機器艙，該節共有52幅圖例（這些圖例又細分爲89張分解圖），47個答問，此部分器件部分繁多，本書的九節裏屬第四節名目最爲繁多，因爲機器艙是掌控雷體機械運動的中樞③，是魚雷用氣力來左右行駛的關鍵。④ 圖例包括：機器艙全圖、總氣管、分氣櫃、行輪機、氣罨盒、拉舵機、蓄氣管並通氣管、聚氣櫃、分氣筒、壓鐄、壓桿、壓鐄筒、三角氣缸、鉤錍、摇桿、摇桿盒、軸瓦、套圈、氣罨、氣罨蓋、通天軸、小鉤錍缸、小鉤錍管、分氣管、分氣管軸、琵琶拐、秤桿、定桿架、升降桿、升降盤、定盤餅、氣門機、水門制、運油壺、樞紐架、樞紐軸、定舵肘桿、定舵鉤、停雷肘桿、水門鉤、水門蓋、護桿銅制、定舵鉤制、三叉分氣管等圖。47個答問中屬於定義類的有：機器艙、機器艙内機器品種及名目、氣門機；屬於用處類的有：機器艙内機器、總氣管、分氣櫃、行輪機、拉舵機、蓄氣管、通氣管、聚氣櫃、分氣筒、壓鐄、壓桿、壓鐄筒、三角氣缸、鉤

---

①（清）黎晋賢：《魚雷圖説》上册，廣東省立中山圖書館藏光緒十六年天津機器局石印本，第62頁。
②（清）黎晋賢：《魚雷圖説》上册，廣東省立中山圖書館藏光緒十六年天津機器局石印本，第58—59、62—63頁。
③（清）黎晋賢：《魚雷圖説》下册，廣東省立中山圖書館藏光緒十六年天津機器局石印本，第23頁。
④（清）黎晋賢：《魚雷圖説》下册，廣東省立中山圖書館藏光緒十六年天津機器局石印本，第1—20、23—42頁。

鎞、搖桿、搖桿盒、軸瓦、套圈、氣罨盒、氣罨、氣罨蓋、通天軸、小鉤鎞缸、小鉤鎞管、分氣管、分氣軸、琵琶拐、秤桿、定桿架、升降桿、升降盤、定盤餅、水門制、運油壺、樞紐架、樞紐軸、定舵肘桿、定舵鉤、停雷肘桿、水門鉤、水門蓋、護桿銅制、定舵鉤制、三叉分氣管等部位的用處；以及爲什麽機器艙種類繁多的問題。

第五節介紹魚雷的浮力艙，由於雷體存在重力，爲保證魚雷在水中的深淺的穩定度，需要有个裝置來控制魚雷的浮力，該艙就是控制魚雷自身浮力的部位。① 該節共有 6 幅圖例（這些圖例又細分爲 9 張分解圖），4 個答問。② 圖例包括：浮力艙全圖、浮力艙大蓋、拉舵桿、定舵桿、停雷桿。4 個答問中屬於定義類的有：雙套管；屬於用處類的有：浮力艙大蓋與拉舵桿套管各部位的用處；以及浮力艙前後如何連接的問題。

第六節介紹魚雷的四坡輪艙，此部分相當於齒轮系統，推動部分器件的旋轉。③ 該節共有 7 幅圖例（這些圖例又細分爲 14 張分解圖），5 個答問。④ 圖例包括：四坡輪艙全圖、四坡輪艙銅殼、前坡輪、左坡輪、右坡輪、後坡輪、肩軸管正等圖示。5 個答問中主要圍繞四坡輪艙、前坡輪、左右兩坡輪、後坡輪、肩軸管的用處以及四坡輪艙是怎麽樣的形式來展開的。

① （清）黎晋賢：《魚雷圖説》下册，廣東省立中山圖書館藏光緒十六年天津機器局石印本，第 46 頁。
② （清）黎晋賢：《魚雷圖説》下册，廣東省立中山圖書館藏光緒十六年天津機器局石印本，第 43—45、47—48 頁。
③ （清）黎晋賢：《魚雷圖説》下册，廣東省立中山圖書館藏光緒十六年天津機器局石印本，第 54—55 頁。
④ （清）黎晋賢：《魚雷圖説》下册，廣東省立中山圖書館藏光緒十六年天津機器局石印本，第 49—53、55—56 頁。

第七節介紹魚雷尾部的十字架，此部分爲固定、支撑相关機件，以保證魚雷航向的準確性。① 該節共有10幅圖例（這些圖例又細分爲20張分解圖），10個答問。② 圖例包括：十字架全圖、停雷鐄、套鐄筒、撥輪圈、定舵輪、密達輪及兩個墊圈、定輪鐄、擋機、左右直舵、折肱和方柄螺釘。10個答問中屬於定義類的有：十字架上有多少個零部件名目都是什麽、何謂停雷鐄、何謂定輪鐄；部件用處類：套鐄筒、撥輪圈、定舵輪、密達輪、擋機、左右直舵、三折肱。

第八節介紹魚雷尾部的雙葉輪，該節共有5幅圖例（這些圖例又細分爲9張分解圖），5個答問。③ 圖例包括：雙葉輪全圖、前葉輪、前葉輪圈、後葉輪、後葉輪圈。5個答問中屬於定義類的有：雙葉輪。屬於用處類的有：前葉輪、前葉輪圈、後葉輪、後葉輪圈各部位的用處。

第九節介紹魚雷最末端的升降舵架，該節共有5幅圖例（這些圖例又細分爲12張分解圖），4個答問。④ 升降舵架是主要用來控制雙葉輪排水速度的大小。⑤ 圖例包括：升降舵架、升降左舵葉和右舵葉、軸耳、螺夾、夾螺帽。4個答問都在解答升降舵葉、軸耳、螺夾、夾螺帽的用處。

本書下册的最後一頁是魚雷圖説上下册各節筆誤的糾正，無頁碼，應該是後人翻印時增加上去的。上

① （清）黎晋賢：《魚雷圖説》下册，廣東省立中山圖書館藏光緒十六年天津機器局石印本，第61頁。
② （清）黎晋賢：《魚雷圖説》下册，廣東省立中山圖書館藏光緒十六年天津機器局石印本，第57—60、63—66頁。
③ （清）黎晋賢：《魚雷圖説》下册，廣東省立中山圖書館藏光緒十六年天津機器局石印本，第67—68、70—71頁。
④ （清）黎晋賢：《魚雷圖説》下册，廣東省立中山圖書館藏光緒十六年天津機器局石印本，第72—73、75—76頁。
⑤ （清）黎晋賢：《魚雷圖説》下册，廣東省立中山圖書館藏光緒十六年天津機器局石印本，第74頁。

册有三個部分存在筆誤，其中5處錯字、2處加圈錯誤、1處圖例錯誤，依次是：凡例中『魚雷取義似魚卸物』的『似』字誤寫成『以』字，『卸』字誤寫成『啣』字，『魚雷大小分爲九節下有停雷鐄』的『下』字誤寫爲『蔔』字；第壹節操雷頭問答中『鐵餅木餅撑條何用』的『鐵』字誤寫爲『佚』字，戰雷頭問答中『曰保險銅片』誤加圈於『保險』兩字之間，『曰乾棉藥管』誤加圈於『乾』字之處；第二節第二十九幅圖例《深淺機剖看並正看全圖》中『管舵臂並横定軸』兩名目之字因地位少故距物件頗遠，應添線連至物件，使學者一目了然；第二節問答中何謂銅機殼中『子口内週有二十八口螺釘』裹『口』字誤寫爲『曰』字，『有壹小螺眼如珍』查『珍』字未加大圈。下册有兩個部分存在錯誤，其中4處錯字、1處加圈錯誤、1處内容含糊，依次是：第四節機器艙説正文中『由三叉分氣管之右管而出』裹『叉』字誤寫成『又』字，『三叉分氣管左管之氣』裹『叉』字誤寫成『又』字；該節問答『壓鐄何用』裹『用五密裹半大鋼條盤成十八週』中的『半』字不甚清楚，『小鉤鉀缸何用』中『爲旋接三叉氣管』裹『叉』字誤寫爲『又』字，『三叉分氣管何用』中『其形如叉』裹的『叉』誤寫爲『又』字；第六節四坡輪艙説中『與左右兩坡輪相接尾有長管』在『尾』字處之圈錯誤。

根據以上九節的内容叙述，可知魚雷的前部爲雷頭，裝有炸藥和引信；中部爲雷身，裝有導航及控制裝置；後部爲魚尾，裝有發動機和推進器等動力裝置。① 這就涉及衆多的物理知識，如海水静壓强、壓縮空氣、

① 參見張宇文編《魚雷總體設計理論與方法》，西安：西北工業大學出版社，2015年，第2—3頁。

重力作用等問題，依據這些原理，書中的九節各部分是相互聯系的，杜國正曾列舉過以上原理在本書中的體現。① 因爲早期的魚雷爲冷空氣助推式魚雷，魚雷需要依靠壓縮空氣來做動力，在天氣缸中就要儲備足够的空氣，以此才能使雙葉輪轉動而推動魚雷在水中前行。魚雷在水中的運動受到重力和浮力的共同作用，魚雷利於慣性或自身的推力來使自己在水中航行：若重力大於浮力，沿水平方向發射的魚雷，將向斜下方運動；若重力小於浮力，它將向斜上方運動；動力加浮力正好等於魚雷的重力，魚雷便不會沉下去，但是如果魚雷没有在射程之内擊中目標，動力耗盡，重力就會大於浮力，魚雷就會沉入海底②，由此可見，魚雷各個部位的運作是關聯在一起的。

六、結語

此書成書刊印之時，正是洋務運動開展的最高潮時期，大批留學西方的人員學成歸國，《魚雷圖説》的問世是清末向西方學習軍事科學技術的産物，它見證了中西軍事技術交流的過程。同時也反映出清末有識之士積極學習西方先進科學技術，『師夷長技以自强』的决心和態度。黎晋賢在全書開頭的凡例中還説道：『此卷於定名之外，略具體用，使學者知其當然，至於較定之法、運用之理、收儲之宜，均應續編問答，以

① 參見杜國正《魚雷圖説》，《中國科技史料》1981 年第 4 期。

② 徐德民編：《魚雷自動控制系統》，西安：西北工業大學出版社，1991 年，第 1—4 頁；宋保維：《魚雷系統工程原理與方法》，哈爾濱：哈爾濱工程大學出版社，2010 年，第 24—25 頁。

爲得寸斯寸之助。』① 由此可見，在他看來，編訂《魚雷圖説》只是方便學員學習魚雷入門知識，關於魚雷的管理和操作等經驗問題仍需進一步補充和總結，如有新的研究結論將編訂續作問答以完善之，可惜黎晉賢因病痛纏身，後來離開海軍回鄉養病，以至英年早逝，留下遺憾。從整體來看，《魚雷圖説》全書149幅圖，149個問答，較爲系統的普及了魚雷的構造和操作等知識，對我國清末以來海軍近代化的建設和魚雷技術的發展應用有着十分重要的參考意義。

①（清）黎晉賢：《魚雷圖説》上册，廣東省立中山圖書館藏光緒十六年天津機器局石印本，第3頁。

魚雷圖說

光緒十六年冬印於天津
李鴻章署檢

魚雷圖說問答

目錄

北洋魚雷營總管都司黎晉賢繪纂

北洋魚雷營總管都司黎晉賢繪纂

一泰西製作。無論巨細。皆有成書繪圖註説。既不泯作者之苦心。又能益來者之智慧。其功用非細。自光緒辛巳以來。北洋大臣李　經營巨款購製魚雷利器。歲以巨餉延請教習。教導學生弁兵工匠。一片苦心。惟求自強。若倚人人心記。而無歸束之書。誠恐歲月日深。廢弛難免。晉賢　蒙派出洋。奉調來旅。受　恩深重。已十餘年。自去歲奉　總辦諭繪纂此書。每於放工之暇。及冬春之夜。積累成編。又苦讀書無多。故文不雅馴。但求　閱者諒之。

一魚雷機器繁多。必先定名。始便於用。此圖此説。專為定名而設。為圖一百四十九種。自後在船在廠在學堂者。均有一定之名。不致臨時舛悞也。

一凡有關係之處。並非專件。難以命名者。均以千字文之字。加大圈代之。比諸用干支而加偏傍者。較易醒目。

一此卷為初學入門之用。學生弁兵工匠習此者。無從考其用心勤怠。故附以問答一百四十九條。使之研習。凡遇考期。以問答考之。

一此卷於定名之外。略具體用。使學者知其當然。至於較定之法。運用之理。收儲之宜。均應續編問答。以為得寸斯寸之助。

一魚雷之事。較定施用收儲三者並重。使較定不得其法。則用之不靈。施用不得其法。不能克敵。收儲不得其法。則利器損壞。巨款虛縻。均足貽悮。其咎匪輕。故在廠在庫在船。以及臨敵。無時不關緊要。奉　總辦諭。以較定之說責成晉賢。以施用之說責成蔡都閫。及各管駕。以收儲之說。分責成於　晉賢庫官。及各管駕。蓋在庫之時。晉賢與庫官之事也。在船在艇。管駕之事也。集思廣益。亦未始非為山一簣之助爾。

問答

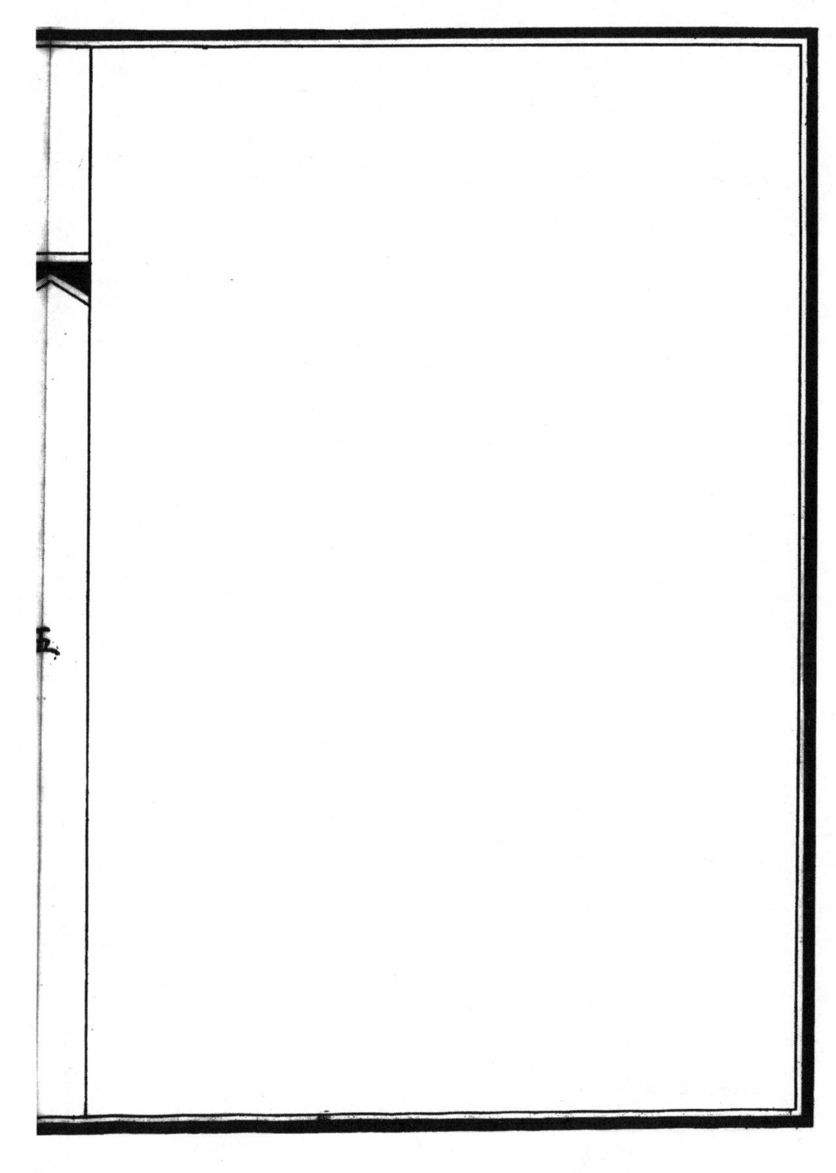

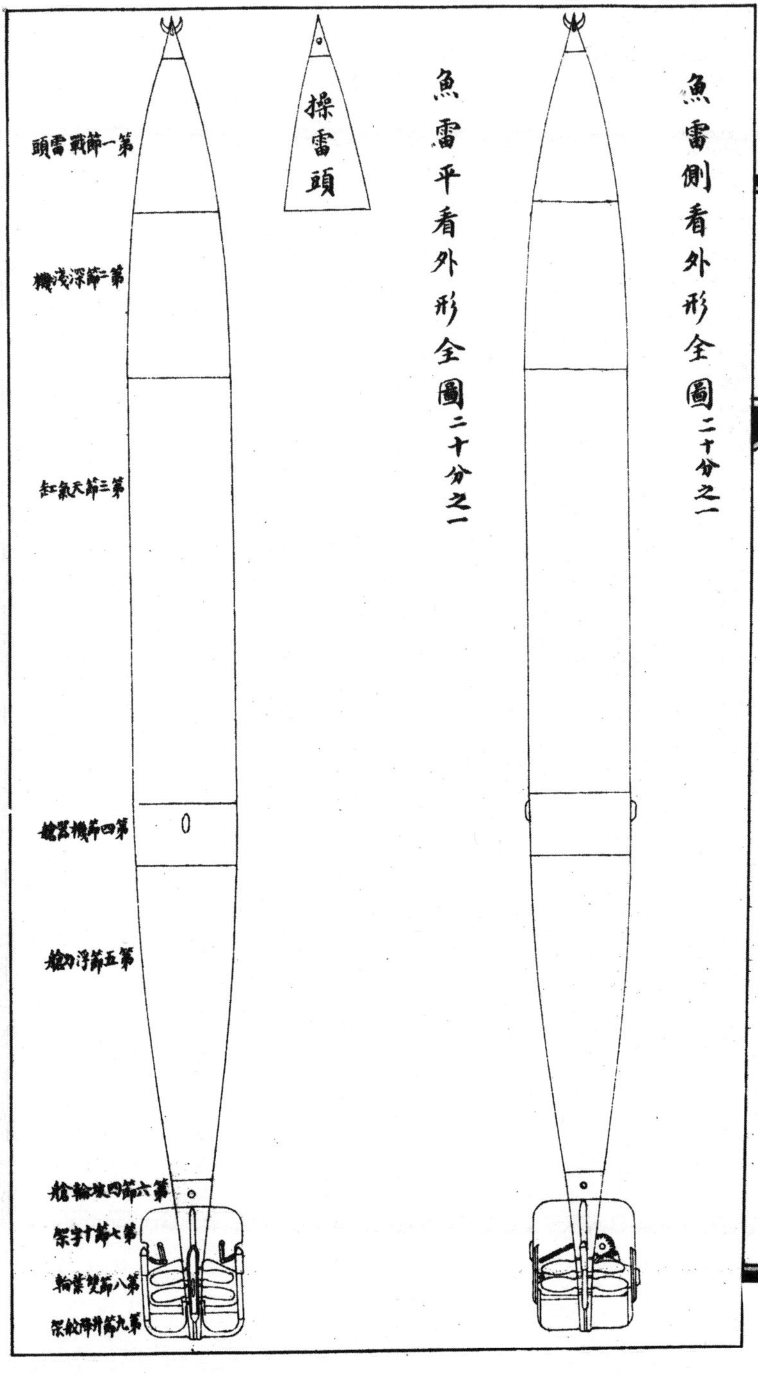

魚雷側看外形全圖 二十分之一

魚雷平看外形全圖 二十分之一

操雷頭

第一節戰雷頭

第二節深淺機

第三節天氣缸

第四節機器艙

第五節浮力艙

第六節四球輪艙

第七節十字架

第八節雙葉輪

第九節升降舵架

魚雷圖說問答

雷體根源說

一魚雷取義。其身圓長。前後體尖。有圓嘴。以魚御物。後有雙輪。能以行駛。似魚有翅有尾。能自上下駛行水中。如魚之游泳。有魚之形。有雷之力。行速力猛。能擊沉敵船。故謂之魚雷。

一此法同治年間。有奧國水師官名盧卑士。語其友人英國博學之士懷台氏曰。目今各國興辦水雷。誠為海防之利器。惟其只能扼守海口。守株待兔。不能施放於大海之外。與敵人爭鋒。未為盡善。必須設法製成一器。形式若魚。內有機關。自能行駛。頭有藥力。能轟敵船。並設機關。使其能以上下。恍若魚之游泳水中○馳擊敵船○是又駕乎水雷之上矣○懷台氏深有所悟○精心研究○思得其法○乃苦無鉅欵○難以興辦○而奧國執政○恐被別國先買其法○助以重貲○使在飛雄門興工創造○凡數閱寒暑○至同治九年而始成功○是為創造魚雷之始○嗣後懷台氏攜其所造魚雷○回至英國○獻於海部○希圖重賞○惟其初創之時○尚未甚精○施放能行而無定準○英海部謂其無益○且價值昂貴○弗與之購○又攜赴德國○經德國水師歷加試驗○皆謂其施放無準○未肯虛費帑項○懷台氏大失所望○憤恨而回○又在飛雄門數年○苦志求精○改用左右雙輪○而行駛較準矣○又添深淺機之活銅餅○及拉舵機各件○而升降自由矣○

嗣後英法德俄各國。始以重價購其法而精造之。俄土之戰。俄以懷台之雷攻擊土船。中而不灼。為土國水師所得。而懷台氏賄贖而回。以求雷機不灼之弊。日後其法漸精。用之無弊。此魚雷之源也。按飛雄門係奥國地名

一魚雷料質。懷台氏全用鋼板為殼。其中機器亦多鋼質。而鋼鐵之質。最易生銹。存儲日久。難免銹蝕。況海水味鹹。又多電氣。最壞鋼鐵。外銹易去。內銹難除。偶有一邊生銹者。其病更大。凡操用一次。其刷洗收拾之工甚大。英法俄皆購用之。懷台之姓。英譯曰白頭。故又曰白頭魚雷。德國先購其鋼質。後自改用鏻銅製機製殼。而其天氣缸鏻銅之法。為各國所不

北洋魚雷營總管都司黎晉賢繪纂

能仿造者也○自奥國考究堅銅之後膛礮○欲以敵克鹿卜之鋼○故德國亦精考其銅○用以造礮○以鏻加於銅内鎔煉○則銅之渣滓净除○銅更堅棉○鏻本鏻火○出於血骨之類○而近來化學家考究○取於海中者尤佳○質色皆似畫工所用之赭石粉○已鎔之銅○一見鏻性○渣滓立沉○其清如水○其質堅棉○此亦物性所感耳○惟點兑非易○另有其器○若隨意加之○則灼而飛矣○德國造鏻銅者三十餘家○惟刷次考甫一家為最○聞其於用鏻之外○又有一種秘藥○白如脂粉○更有手法火候之秘○其銅獨精○英法各製造家○屢加考驗○亦如克鹿卜之鋼○不能得其秘要○故刷次考甫恃有堅料○是以專心擇取懷台之善法○變

北洋魚雷總管都司黎晉賢校繪纂

而通之。改作銅雷。又經德之水師各官。專心考究。取用其利。改除其弊。精益求精。幾駕乎鋼雷而上之矣。英國近年亦因鋼質患銹。鍍銅為殼。詎知鋼與銅。縮漲之性各異。所鍍之銅。如銹之皮。久而自落。光緒十年三月。北洋魚雷營艇在威海操魚雷。走失一尾。在海底浸至二十六日。而後尋得。撈起之後。其內外銅質依然光亮。而腹中鋼質小件。均已為海水電氣嚙濫。此其據也。故英之海部。於光緒十三年。已向德國刷次考甫購銅雷二百具。為水師之用矣。其所以必須如此之堅銅者。蓋魚雷用氣。係用空中之天氣。每方生脫密達。中國工部尺三分一厘五有一啟羅之壓力。即英國兩磅零十分磅之二。其氣缸內能受一百五十倍天氣之漲力。而不損傷。方為有用。平常操雷。及臨敵用雷。其氣只准壓至九十倍。至一百倍為度。而不准再多。若不用此堅鋼堅銅。別無他物可受此漲力也。凡空氣爆烈之力。比湯汽尤大。鋼質尚嫌其堅而脆。故鏻銅堅棉為尤佳。鏻銅亦有等次。考魚雷全體。惟天氣缸必用刷次考甫上等鏻銅。此外無漲力之外殼內機。亦多用次等鏻銅。並非全用上等也。故中國修雷造雷。惟天氣缸一節不能修造。近年懷台氏亦將機器改用銅造。而天氣缸之銅。仍無法改造。按刷次考甫自光緒五年創造。至今已十年。其中機器。屢易新式。北洋所購者已有四種。

一魚雷大小分為九節。各有其用。論其大段只有四節。按其九節之名。第

北洋魚雷營總管都司黎晉賢繪纂

一節雷頭。有兩種。一為操雷頭。一為戰雷頭。第二節深淺機。第三節天氣缸。第四節機器艙。第五節浮力艙。第六節四坡輪艙。第七節十字架。第八節雙葉輪。第九節升降舵架。九節長短大小不同。各有理法。以合全體運用之妙。其九節之用第一節雷頭操時用操頭。戰時用戰頭。而戰雷頭內實以棉藥。專為攻敵。無堅不摧。第二節深淺機。借水力以主雷行水中升降之權衡。借路於天氣缸。以達拉舵機。而運動第九節之升降舵。甚為奥妙。第三節天氣缸。專收空中天氣。儲入缸內。分用運行後幾節之機器。亦如輪船用湯汽之法同理。第四節機器艙。分氣行輪握舵之機。全萃於此。第五節浮力艙。為增魚雷之浮

○力其功用也○為攻敵之時○擊而不中○則自沉之○既不為敵所得○又免自船悞碰之患○若操雷之時○擊中靶後○自向上浮○可以收回洵可貴也○第六節四坡輪艙○運動第八節之雙葉輪○能左右行者○四坡輪之力也○第七節前十字架○上有䆏達輪○以定雷去遠近之數○卜有停雷鑚○主管數完即自止也○第八節雙葉輪○凡輪船之葉輪行水○若同一機器運動者○左則左○右則右○惟魚雷之雙輪○雖出一機運動○而能使之一左行○一右行○故少偏倚○比船輪不同也○第九節後十字架升降舵○大凡船舵直立○以主舟行左右○而魚雷之舵○則橫卧開合○以主雷行起伏○又與船舵不同也○總而言之○倚暴藥棉藥之猛以

擊敵。使其無堅不摧也。借水力以助升降之權衡。準其水中之彀率也。收空中天氣運行各機。以射駛魚雷求其行速攻敵也。此九節之功用。在此三項為最要最難。學者宜熟學深思。不可忽略者也。

北洋魚雷營總管都司黎晉賢繪纂

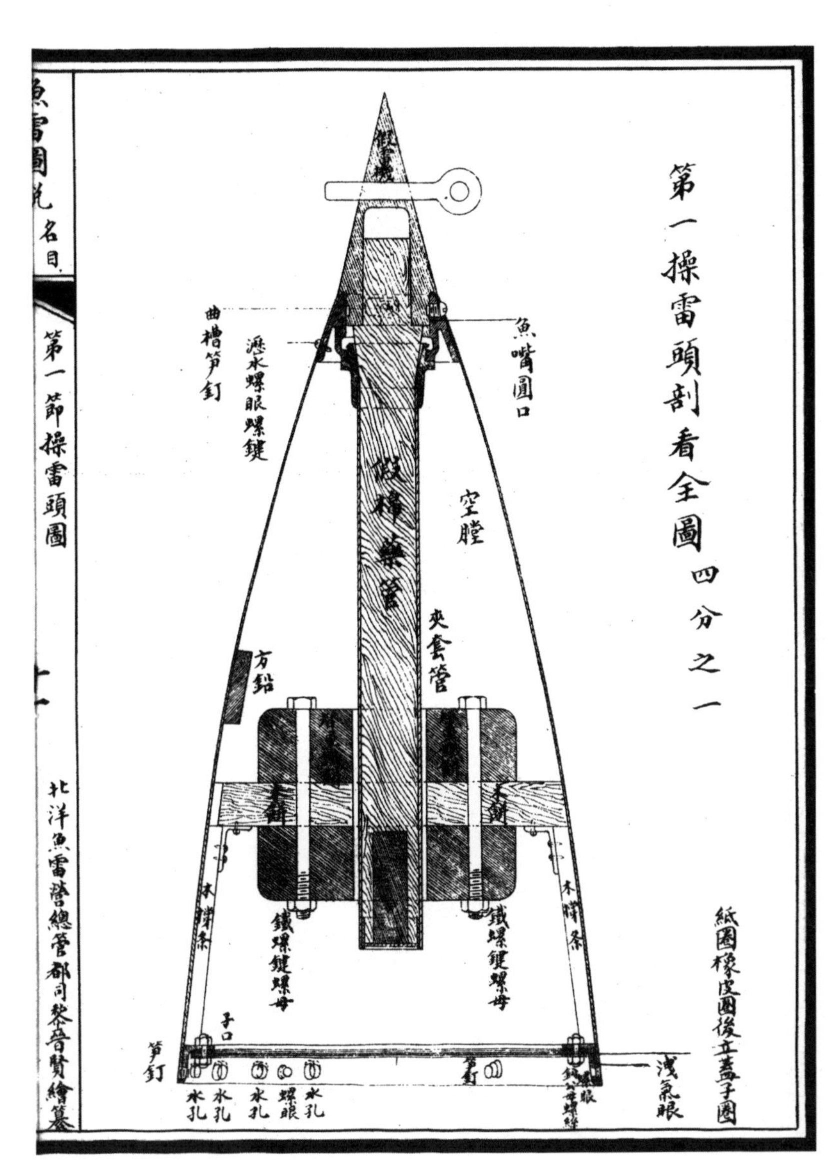
魚雷圖説名目
第一節操雷頭圖
北洋魚雷營總管都司黎晉賢繪纂
第一操雷頭剖看全圖 四分之一
紙圈橡皮圈後立蓋子圈
魚嘴圓口
曲槽笋釘
濾水螺眼螺鍵
空膛
假藥管
夾套管
方鉛
鐵螺鍵螺母
木撐條
子口
笋釘
水孔
螺眼
洩氣眼

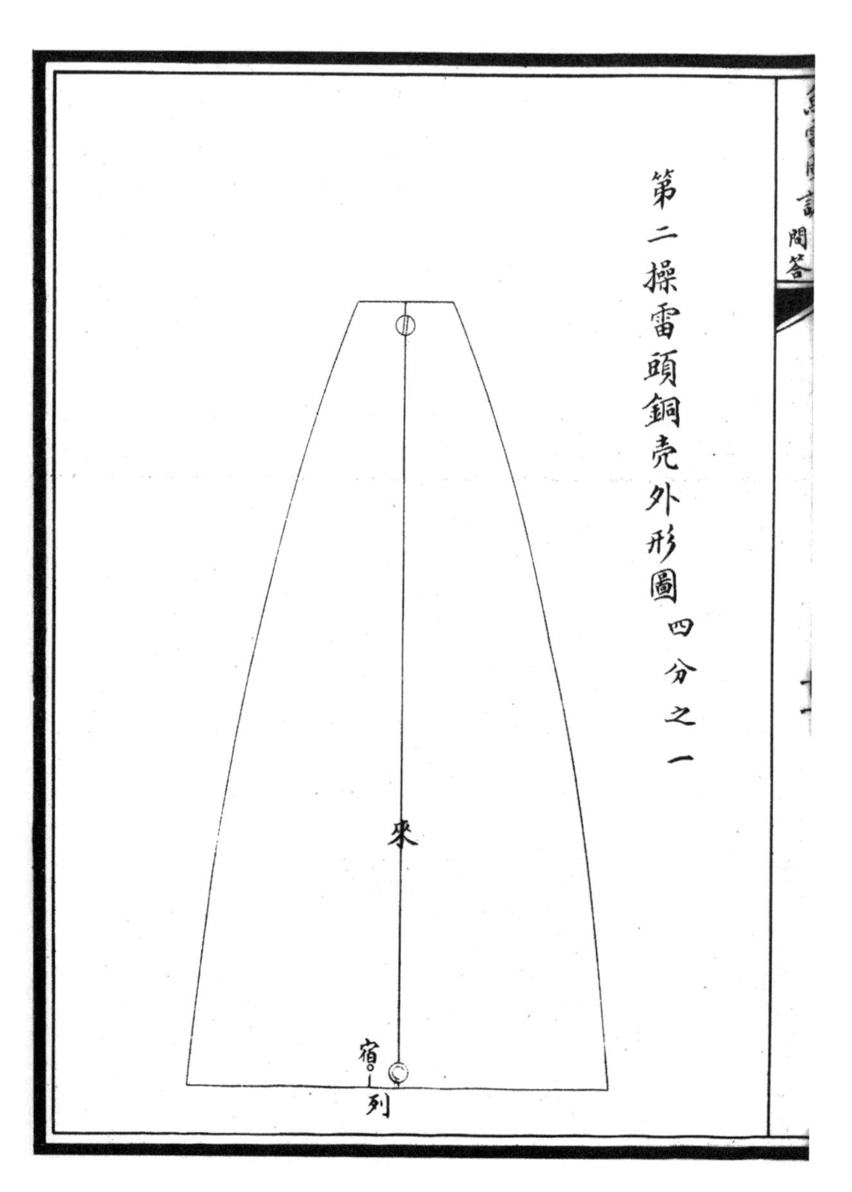
第二操雷頭銅殼外形圖 四分之一
來
宿
列

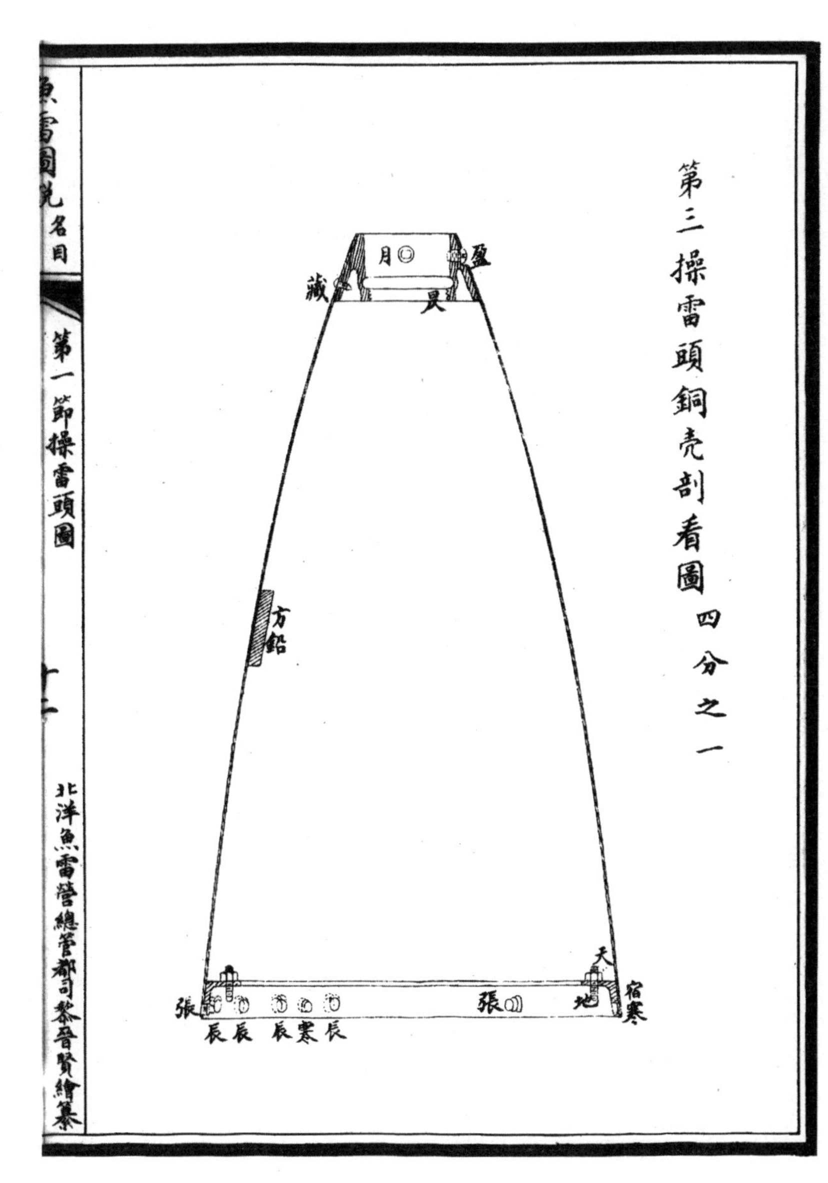
魚雷圖說 名目
第一節操雷頭圖
北洋魚雷營總管都司黎晉賢繪纂
第三操雷頭銅壳剖看圖 四分之一
月
盈
藏
昃
方鉛
天
宿
寒
張
地
張
辰 辰 辰 寒 辰

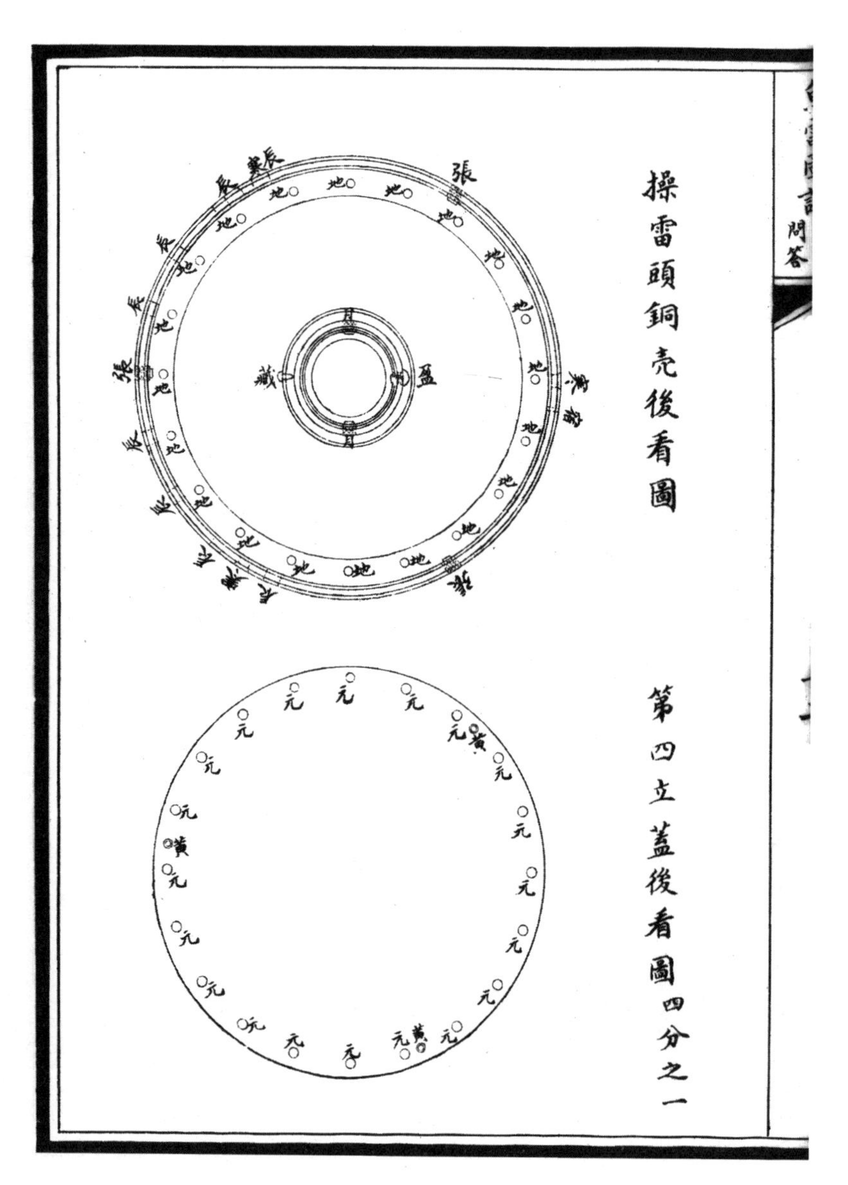

操雷頭銅殼後看圖

第四立蓋後看圖四分之一

第一節操雷頭圖

第五夾套管喉剖看圖 四分之一

荒 日
雷 洪 日
字

夾套管管喉後看圖

第六假雷機剖看圖 四分之一

蓋
柱

假雷機後看圖

柱
柱

第七鐵鍵正看圖 四分之一

第八假棉藥管剖看圖 四分之一

假棉藥管後看圖

鉛餅

北洋魚雷營總管都司黎晉賢繪纂

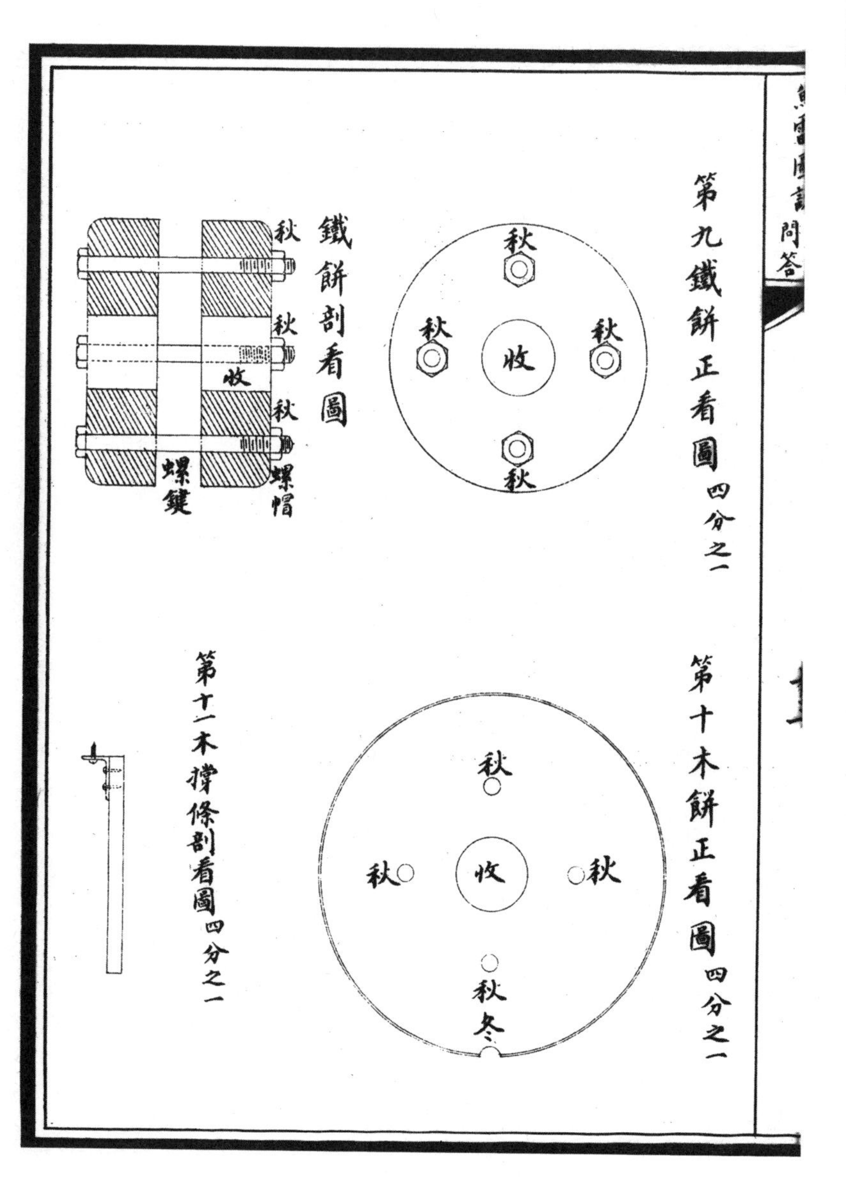
魚雷圖説　問答
第九鐵餅正看圖四分之一
秋
秋
收
秋
秋
鐵餅剖看圖
秋
秋
收
秋
螺鍵
螺帽
第十木餅正看圖四分之一
秋
秋
收
秋
秋
冬
第十一木撐條剖看圖四分之一

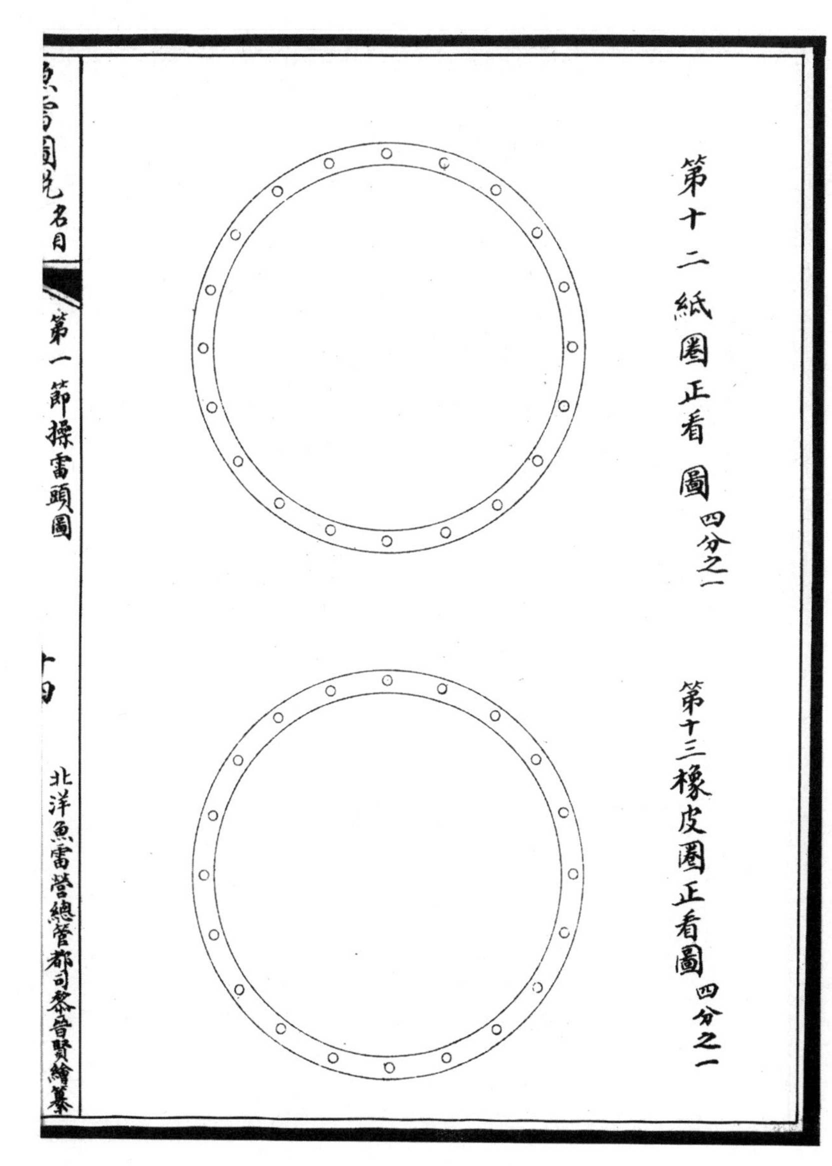
魚雷圖說名目
第一節操雷頭圖
北洋魚雷營總管都司黎晉賢繪纂
第十二紙圈正看圖四分之一
第十三橡皮圈正看圖四分之一

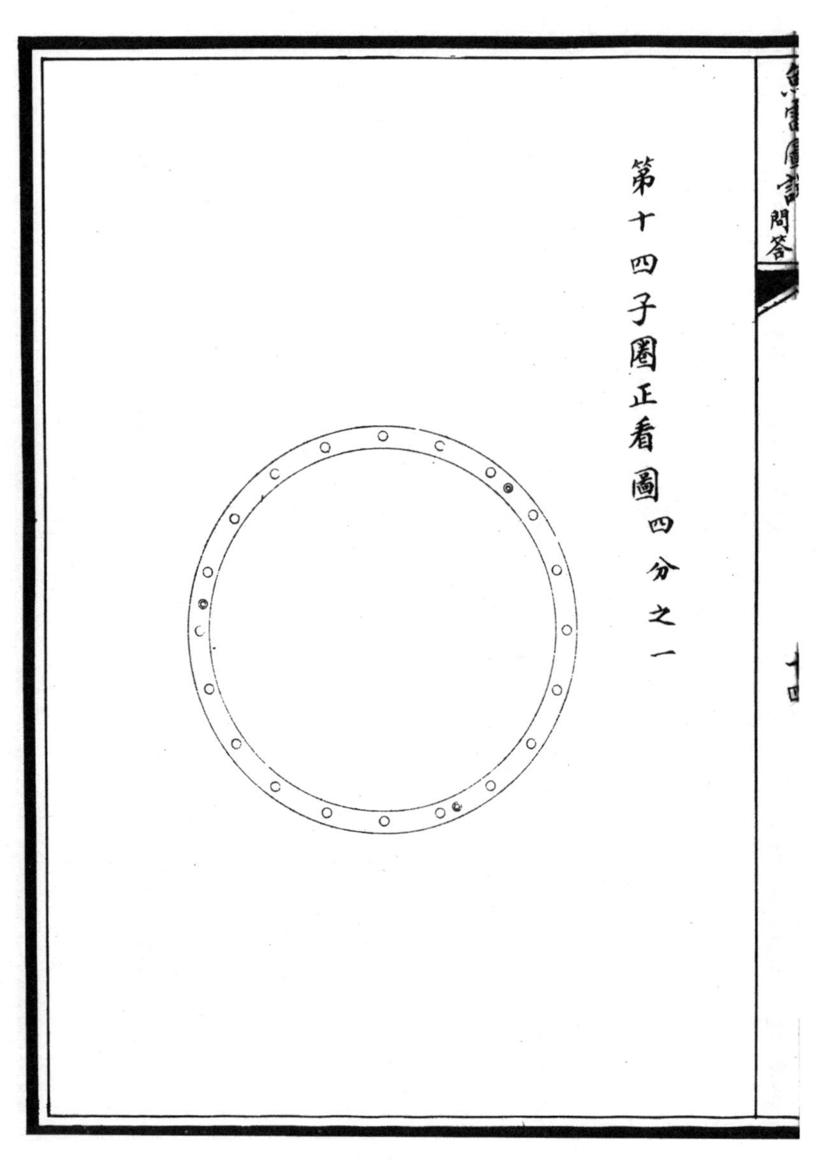
第十四子圈正看圖四分之一
魚雷圖説
問答
十四

第一節操雷頭説

操雷頭。為平時操演。以替有藥之雷頭。因戰雷頭内有棉藥。及各種危險。不便供操。故另作一頭。專供操習之用。懷台氏初時所造之操雷頭。内以砂石替棉藥之重。殊不知砂石摇動無定。魚雷在水中行駛摇動。砂石亦更摇動。偏欹之弊。方向無定。嗣後改用鐵餅。以木撐條螺釘緊之。始得其法。其全體輕重尺寸。與戰雷頭一律。分毫不差。惟各機件。以假替真。專為操習而設。或替其重。或替其用。或為操時之用。各有理法。今繪圖十四種。問答二十四條。為學生弁兵工匠初習入門之端。亦日後積銖累寸之一助。

北洋魚雷營總管都司黎晉賢繪纂

第一節操雷頭問答

問何謂操雷頭○答曰○戰雷頭有棉藥○不便供操○故另作一雷頭○專供操習之用○其輕重尺寸○分毫不差○內以鐵餅代棉藥之重○譬如替身是也○因魚雷須勤於駛放○較定必須九節週全○輕重一律○方可較準○有藥者不能供操○故以假者代之○是為操雷頭也○

問此兩種雷頭○一操一戰○既知之矣○而其造法形體○有無分別○答曰○兩種形體○身圓輕重○前銳後平○一模錘成○而所附機器用法○互有同異○銅殼用整片包合○項下一條犬牙筍縫○用銅銲之○內膛鍍錫○澆鋪濃胡麻油○此三者操戰兩

北洋魚雷營總管都司蔡晉賢繪纂

頭製作之所同也○○至於後口之子口○○立蓋○○腹中夾套管○○管喉○○魚嘴圓口○○此五者體同而用異也○○進水八孔○○淺氣眼○○準平痕○○三角相距內有三筍釘○○外有三窩眼○○上下兩極分中各有通長直綫痕○○此六者形迹之所同也○○其所不同者○○假雷機○○假棉藥管以假替真之用也○○內膛之鐵餅木餅撐條○○子圈○○橡皮圈紙圈○○方鉛塊○○項下之瀝水螺眼螺鍵○○此七者操雷頭之所必有○而戰雷頭所不用也○

問兩種雷頭○一真一假○腹內既有不同○而輕重尺寸相等○究其輕重尺寸若干○○答曰○計中心長七百三十六密里○合英尺

二尺五寸。合中國工部尺二尺三寸二分。頭前圓口內徑六十二箇半密里。合英尺二寸三分半。合工部尺一寸九分半。外徑七十密里。合英尺二寸六分。合工部尺二寸二分。後口內徑三百二十八密里。合英尺一尺零七分。合工部尺一尺零三分。外徑三百三十七密里。合英尺一尺一寸二分。合工部尺一尺零六分。此尺寸之則也。連機帶管共重三十三啟羅零六百格拉孟。合英磅七十三磅十一兩。合中國秤五十五觔七兩。此輕重之則。於光緒七年所收之老式也。其新式者。中心長五百二十六密里。合英尺一尺八寸五分七厘。合工部尺一尺六寸九分七厘。頭前圓口分寸相同。後口內徑二百八十九密里。合英尺十一寸三分。合工部尺九寸一分。外徑三百零一密里。合英尺十一寸六分八厘。合工部尺九寸四分八厘。連機帶管共重二十九啟羅零一百格拉孟。合英磅六十四磅。合中國秤四十八觔。此新舊式輕重尺寸之不同也。按每啟羅為一千格拉孟。合中國庫平二十六兩四錢。所言中國秤。均按每觔為庫平十六兩也。

問新式比老式輕短甚多。其藥是否減少。

答曰。藥數一樣。老式雷頭膛內裝藥之後。本有空處。須填襯他物以實之。而深淺機一節地位太小。故新式將雷頭空地位讓作深淺機。故機長而頭短矣。

問雷頭銅殼厚薄若干。

答曰。厚一密里零十分密里之二五。

北洋魚雷營總管都司黎晉賢繪纂

問鍍錫何用○答曰焊口恐有微鬆微縫○故鍍錫以彌縫之○又恐濕棉藥與膛内相貼處○易生銅綠○故鍍錫以隔之○

問澆鋪濃胡麻油○又因何用○答曰○膛内鍍錫所用之料○本有鹹酸之味○為棉藥所最忌者○故澆鋪濃胡麻油○以免棉藥受鹹酸之患○此法係德國海部○試用於老式雷頭○因不甚妥○近日於膛内鍍錫後○則用化學料如醶水○并淨灰水○洗刷數次○去盡鹹酸之味○更妥善也○以上三者○製作之同也○

問操雷頭子口○與戰雷頭子口○有無異同○答曰○體同而用異也○雷頭後口○有三角銅圈釘焊於後口之內○如㊝○是為子口○中有三笋釘○用錫焊固○為接合深淺機之用○此其體用皆同

者也。惟操雷頭子口。週有二十公螺絲如(地)。以受蓋孔。及椽皮圈。紙圈。銅子圈。六角螺母。五種物件。操雷頭常時開看。故必如此。方能便當。至於戰雷頭子口。週邊則有六小螺眼。為受六小螺鍵。以旋緊後立蓋。裝焊之後。不必再開。故其體雖同。而用有別也。

問立蓋有無異同。答曰。蓋者自上覆下之謂。而雷頭後口之蓋。則自後往前蓋之。故曰立蓋。操雷頭之蓋。週有二十小圓眼如(元)。以套子口之公螺釘。三角相距。各有一螺眼如(黃)。專為啟蓋之用。以三根螺條。旋入眼內。一齊旋之。借螺條齊旋之力。其蓋平起。不致偏傷。其戰雷頭立蓋。週有六小圓眼。對

北洋魚雷營總管都司黎晉賢繪纂

合子口六螺孔○膛内棉藥裝妥後○將蓋合上○以六小螺釘旋之○用錫焊固○除洩氣或藥餅受潮○及按定章試驗外○不准無故開之○故亦形體雖同○而用法互異耳○

問夾套管有無異同○　答曰○夾套管者當内膛之正中○套承乾棉藥管之地位也○皆以拉成之筒無焊縫者用之○戰雷頭之管焊定弗卸○操管與喉可以卸合○

問管喉有無異同○　答曰○套管之前有喉○正當魚嘴之後○故曰管喉○其鑲焊套管口如(宇)○内坡外圓○外週有螺絲如(宙)○後有圓肩如(洪)○旋接魚嘴内口○若魚之有喉○肩上有皮圈如(荒)以墊之○肩後有四眼如(日)○以受四釘套起持而旋之○可卸可合○

此又與戰雷頭體同而用異者。戰雷頭套管之喉。焊定而不卸。此喉并不加焊。可卸可合。

問魚嘴圓口有無異同。○答曰。雷頭尖處之口。以卸合雷機。故曰魚嘴。口內左右有下方上圓平鍵。如(月)。以合雷機之曲槽。使其曲合而穩固。又有兩螺孔。一為滙水螺眼。一受螺鍵如(盈)。以旋緊雷機之用。此皆嘴之用也。再向口內中有螺紋如(昃)。以受管喉。此兩事者。真假皆同。惟假者管喉不焊。能以卸合。以上五者。互有同異也。

問項下八箇進水孔何用。○答曰。雷頭後口項下有八箇進水孔。如(長)。正在立蓋之後。第二節深淺機之前。交接留空之處。

特留水道。使雷行時。項下進水。八孔之式。向後斜坡。借水之力。以激動第二節深淺機之活銅餅。一伸一縮。其中之機。藉此靈動矣。此八孔在圖上只能見四箇

問洩氣眼何用。〇答曰。空氣之在空際。每英寸有十五磅之壓力。每生的密達有一啟羅之壓力。每啟羅合中國庫平二十六兩四錢。凡兩物相並之處。非密貼無隙者。必有空氣存焉。而雷頭與深淺機相距之間。皆有空氣寓於其中。則雷行於水。必有偏斜之患。故設此眼。如宿於上。使氣由眼洩。則水由下入。是其孔雖小。而關係甚大。化學家測試空氣與水相敵之力。偶用覆盂坎入水內。必至三十三尺之深。其盂之內底

方能受水若入之淺也○內底尚乾○以此知盂中所存之氣○能敵水力○若無此洩氣眼○則項下八孔水不能入○而活銅餅不動○其機不靈○升降無準矣○

問準平痕何用○◯答曰○㊣列為準平痕○將雷合接之時○較準中線之準則也○

問三笋釘何用○◯答曰○雷頭後口內三角相距○有三笋釘如㊣張○為接雷直對第二節陰笋三曲槽○向右而轉○取其堅固○而無誤脫之患○

問三窩眼何用○◯答曰○雷頭後口○週有三窩眼如㊣寒○將雷合接配妥之後○以受三螺鍵○加旋緊之力○使不搖動也○

問通長直線何用◯答曰上下兩極中有通長直線如來者為合接之時較正取準以求全體之中線不得絲毫偏倚此六者形迹之所同也

問假雷機何謂也◯答曰前端尖銳後為楕圓尖圓之交中有一孔如暑上下相通為插鐵鍵之用操習之時以繩扣而拖之其楕之左右各有曲槽如往使圓口內之方圓平鍵曲入相扣故無誤脱之虞以此替雷機之重並連假棉藥管

問假棉藥管何用◯答曰以圓木棍代乾棉藥其式尺寸相同使與夾套管內膛恰合尾釘鉛餅以湊乾棉藥之輕重上旋假雷機前合魚嘴圓口後合套管此雖以假替真其輕重未

可忽略也○近時新式者○不以木棍○而改用銅管○凡有替代者○皆因操習手法而設耳○

問鐵餅木餅撐條何用○答曰○用生鐵鑄鏇圓餅兩塊○中夾木餅一塊○四角相距各有一孔○如(秋)○用四條鐵螺鍵穿入孔內○以四螺帽旋之○夾成一塊○中有大圓孔如(收)○恰合夾套管之外○其木餅之邊○稍有坡斜○為襯合膛腰四週平穩○下有半圓槽如(冬)○為通卸滲水之路○其餅置膛內○以木撐條四根四面制之○使其穩定○毫無移動○專以替代棉藥之輕重○別無他用○

問子圈橡皮圈紙圈各有何用○答曰○以一分厚之銅作圈○週邊之眼○與立蓋一律相合○使橡皮圈紙圈襯墊之後○其蓋合

上。再加子圈壓之。然後以二十螺絲母旋合緊之。則一絲之水不滲矣。故又曰壓圈。又因以銅合銅。必有漏縫。不免滲水入膛。兩銅相交。必以輭物襯之。庶無滲水之患。橡皮者印度樹膠也。西名因陳辣罷。或作成片。或作成布。或塊或條。厚薄均宜。伸縮隨意。以其厚不及分之橡皮片。按子口之寬窄。切作圓圈以襯之。惟其性善粘。故又以皮紙圈隔之。週圍之孔均與蓋等。套於螺釘。則橡皮圈襯於內。紙圈墊於外。再加其蓋。壓以銅子圈。用螺母旋之。其口緊密。不滲不粘矣。

問膛內下面方鉛何用。

答曰。置於膛下面鎮定。使其平準。不偏不搖。而操頭內替重之物。取其輕重之準。亦以此鉛湊合。

北洋魚雷營總管都司黎晉賢繪纂

問瀝水螺眼螺鍵何用。答曰。雷頭前口下。有一瀝水螺眼螺鍵。如藏每逢放雷之後。或有水由各縫滲入。即將螺鍵旋開。將水瀝出。隨用麻線脂油。將螺鍵纏好旋緊。若無此鍵此眼。倘操雷後。膛內或有滲水。必須折卸後立蓋。放之則費事多矣。此六者。戰雷頭之所不用也。

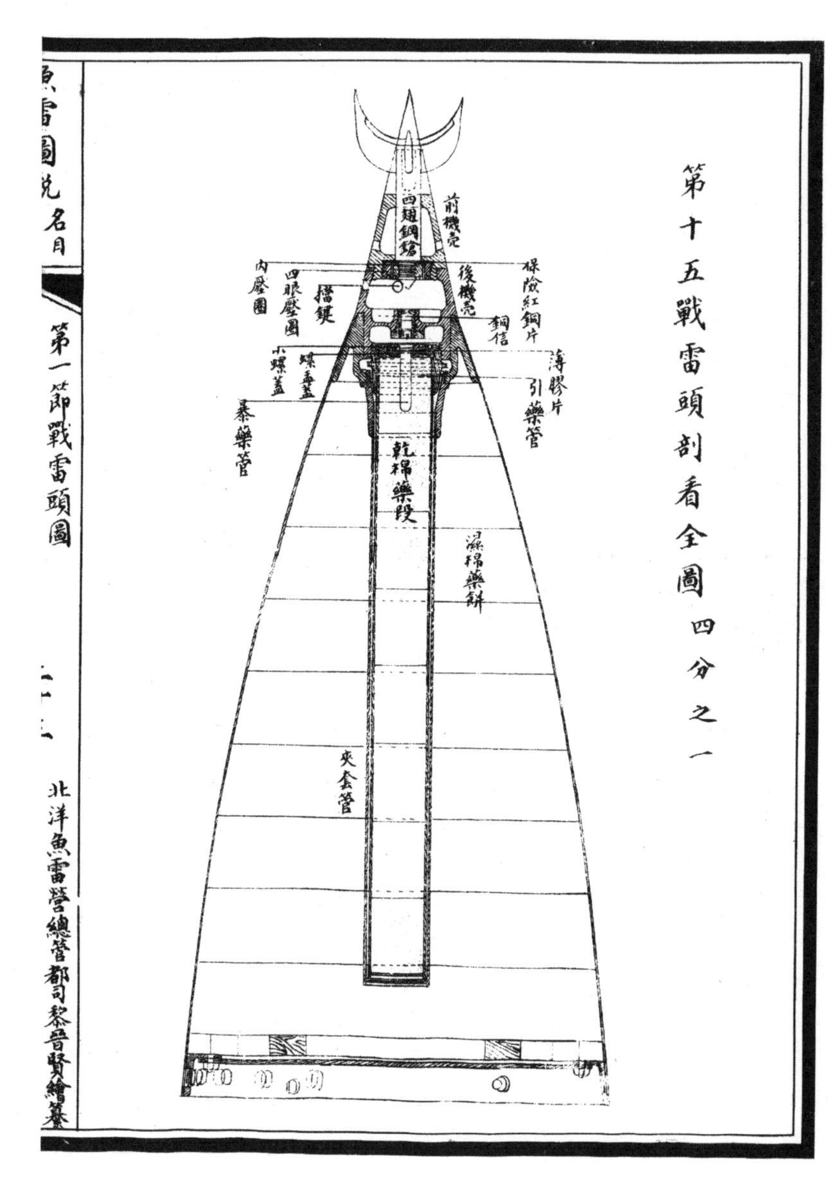
魚雷圖說名目
第一節戰雷頭圖
北洋魚雷營總管都司黎晉賢繪纂
第十五戰雷頭剖看全圖 四分之一
四翅鋼鋸
前機壳
後機壳
保險紅銅片
銅信
內壓圈
四眼壓圈
擋鍵
小螺蓋
螺垂蓋
薄膠片
引藥管
桼藥管
乾棉藥段
濕棉藥餅
夾套管

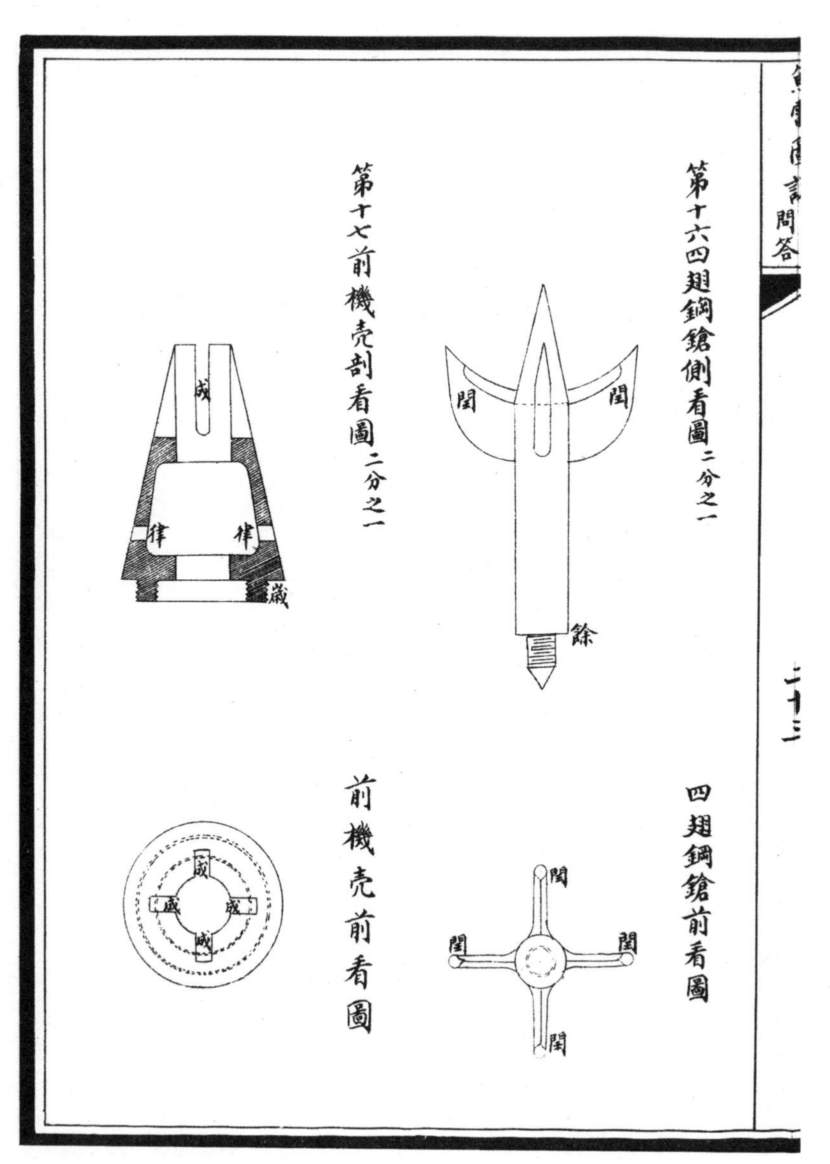
問答
二十三
第十六四翅鋼鎗側看圖二分之一
閏
閏
餘
四翅鋼鎗前看圖
閏
閏
閏
閏
第十七前機殼剖看圖二分之一
成
律
律
歲
前機殼前看圖
歲
成
成
成

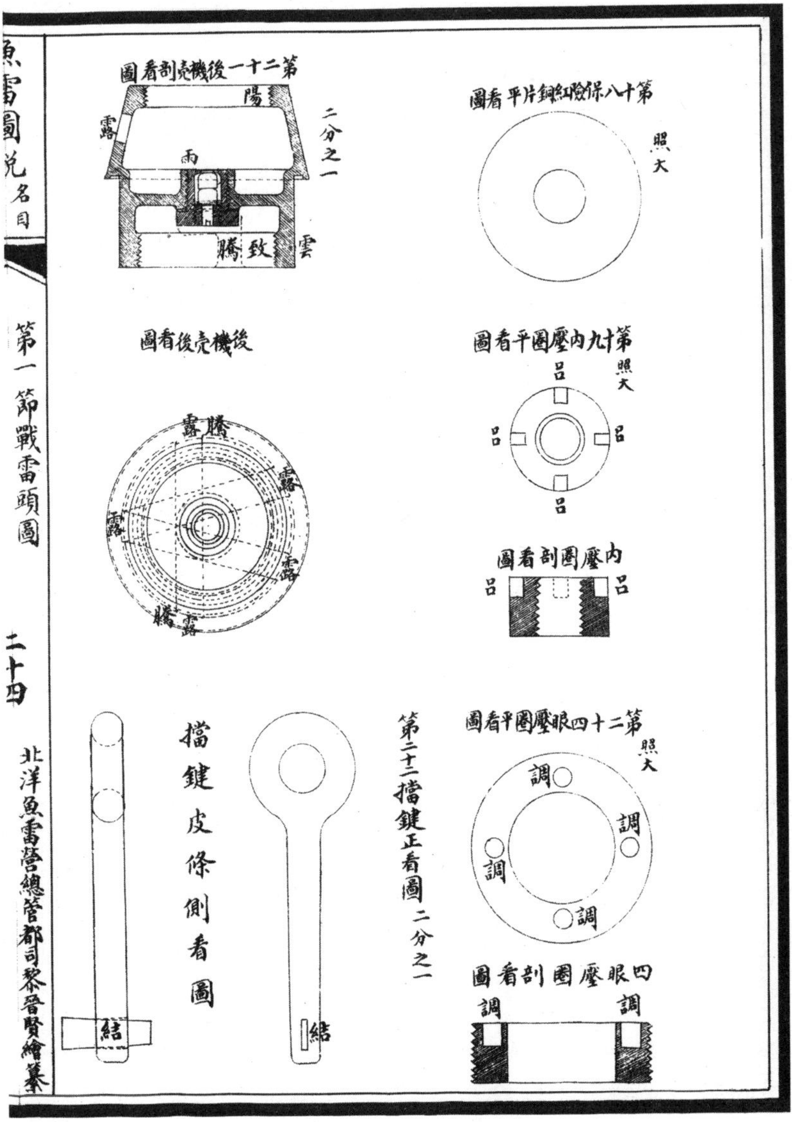
魚雷圖說名目
第一節戰雷頭圖
二十四
北洋魚雷營總管都司黎晉賢繪纂
第二十一後機殼剖看圖
二分之一
陽
露
雨
雲
致
騰
第十八保險紅銅片平看圖
照大
後機殼後看圖
騰
露
第十九內壓圈平看圖
照大
呂
內壓圈剖看圖
呂
擋鍵皮條側看圖
結
第二十二擋鍵正看圖
二分之一
第二十四眼壓圈平看圖
照大
調
四眼壓圈剖看圖
調

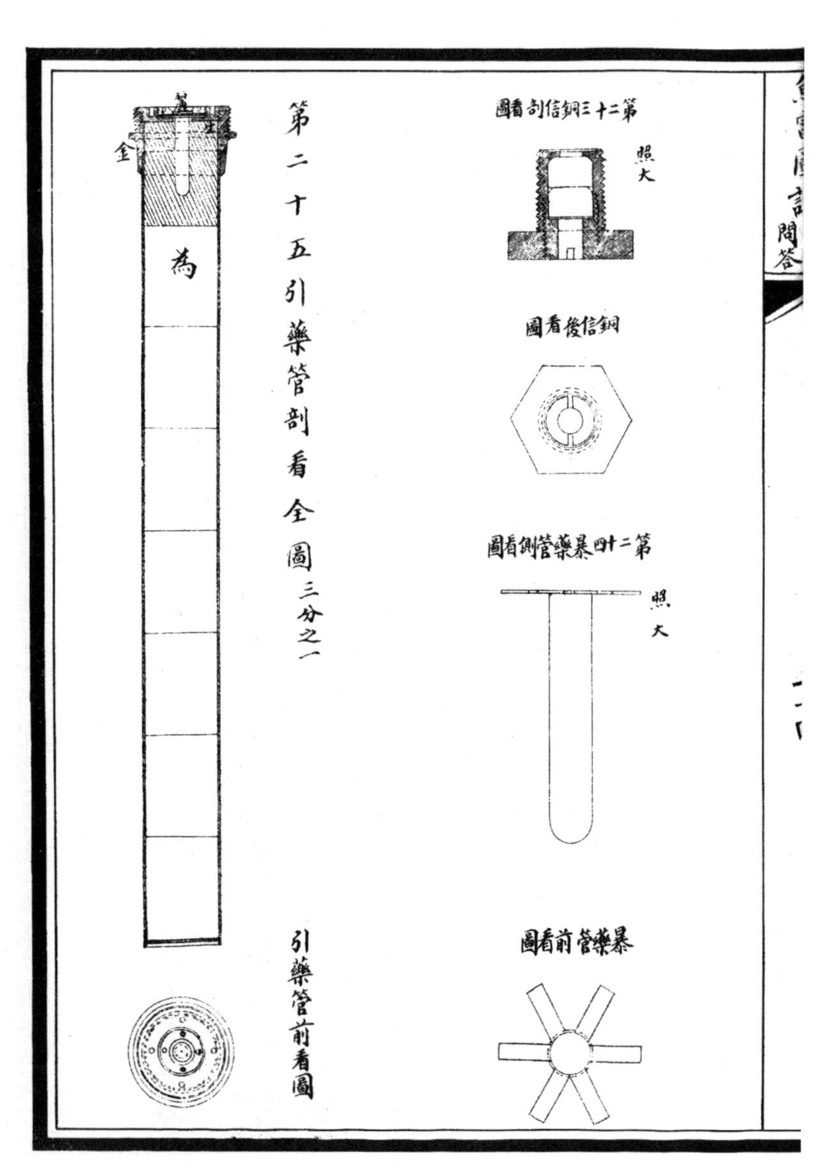
第二十五引藥管剖看全圖 三分之一
引藥管前看圖
第二十三銅信剖看圖
照大
銅信後看圖
第二十四暴藥管側看圖
照大
暴藥管前看圖
為

牛皮圈平看圖

二分之一

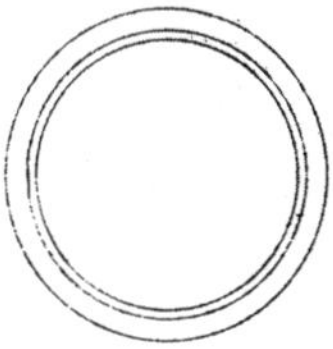

螺盂蓋剖看圖

麗

螺盂蓋平看圖

麗

小螺蓋剖看圖

小螺蓋平看圖

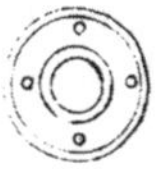

薄膠片平看圖

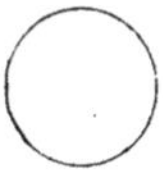

乾棉藥段剖看圖

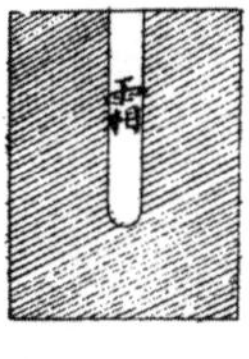

霜

乾棉藥段平看圖

霜

北洋魚雷營總管都司黎晉賢繪纂

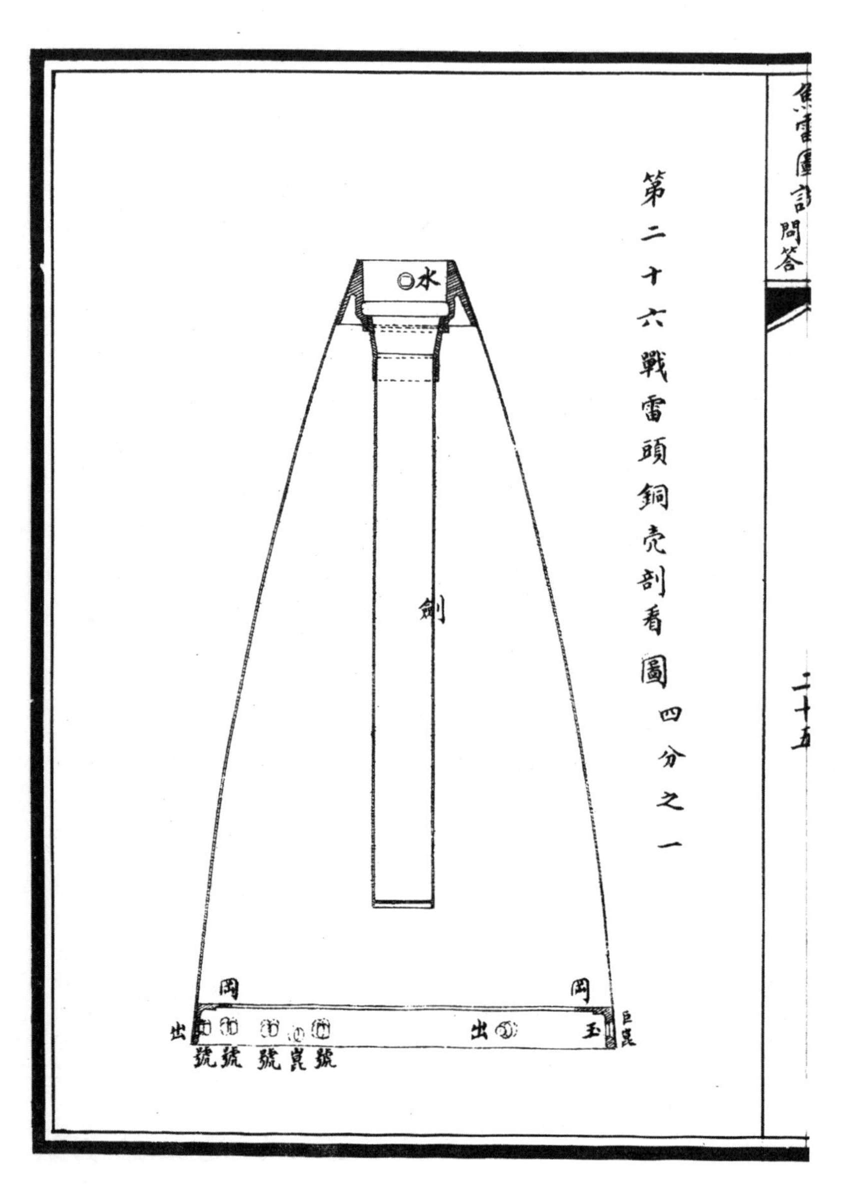
魚雷圖說 問答
第二十六戰雷頭銅殼剖看圖 四分之一
二十五
水
劍
出
號
號
號
號
出
玉

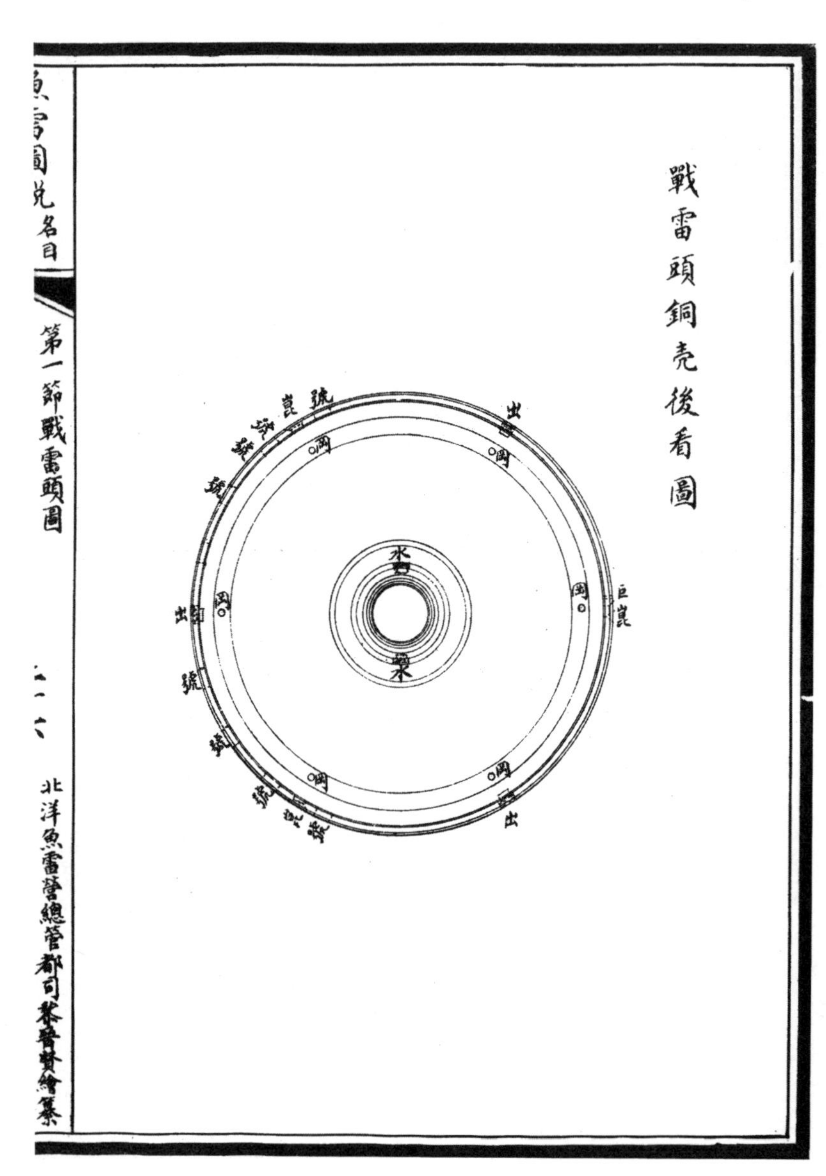
戰雷頭銅殼後看圖
魚雷圖說名目
第一節戰雷頭圖
北洋魚雷營總管都司蔡晉賢繪纂

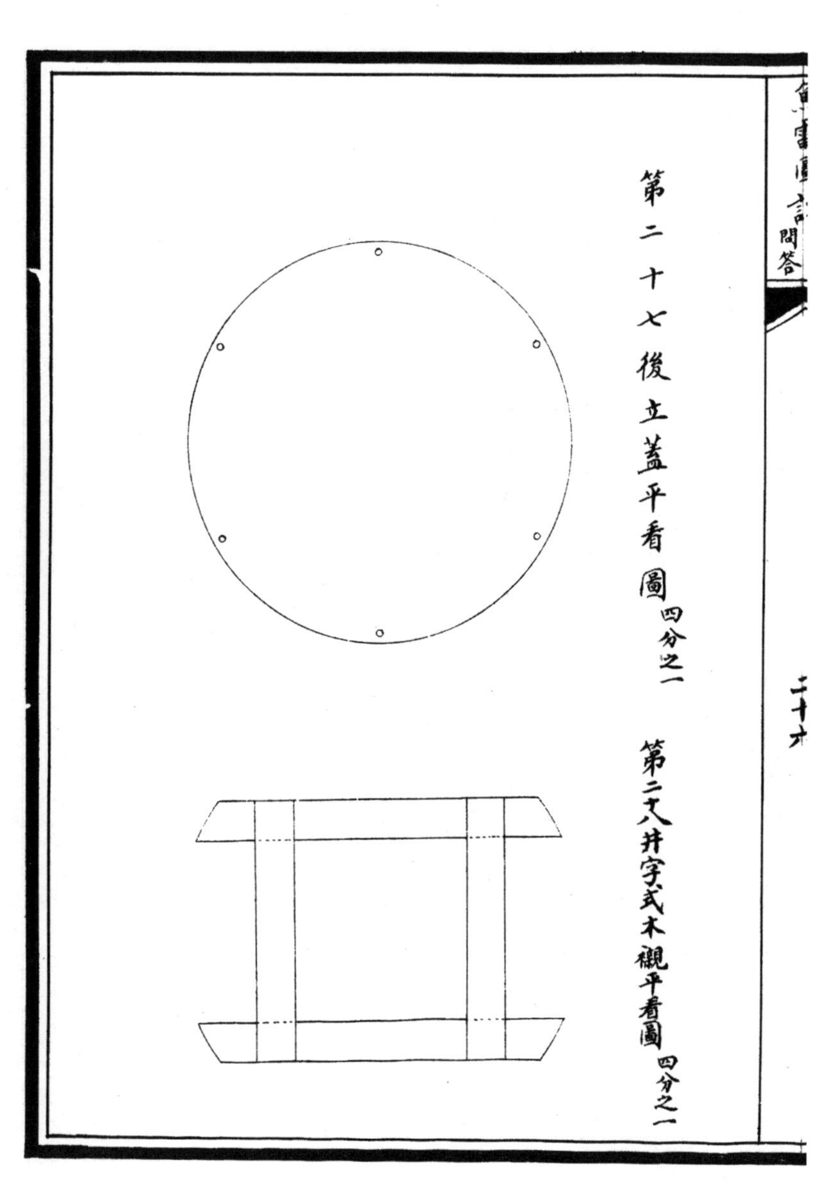

第二十七後立蓋平看圖 四分之一

第二十八井字式木襯平看圖 四分之一

北洋魚雷營總管都司黎晉賢繪纂

戰雷頭説

戰雷頭。前為轟雷機。後為棉藥膛。為戰時轟擊敵船之用。此戰雷頭之所由名也。轟雷機分前後兩節。前機殼中有隔堵。後旋四眼壓圈。壓定保險紅銅片殼之前端有四直口。為容四翅鋼鎗退撞之路。其所以用四翅者。恐魚雷不能正擊敵船而斜過。即碰著上下左右之一翅。亦能令鋼鎗縮入擊灼銅信而發火。鎗之前後尖鋭。後端有圓肩為切穿保險紅銅片之用。圓肩後有螺絲。為旋內壓圈。夾緊保險紅銅片。以免鋼鎗誤撞也。後機殼隔堵中有銅信。前有擋鍵。橫插於機殼之中。而居四眼壓圈及內壓圈之後。於裝雷入廠之時。以阻鋼鎗誤擊銅信之險。臨裝雷之時○必先拔去擋鍵○然後裝雷入礟○否則雖中○擋鍵阻住鋼鎗○不能擊灼銅信○則雷雖中敵○并不轟發○悞事甚大○及雷放出游行水中○又恐偶遇浮水等阻物○亦必先時誤發○故以銅片隔之○是為保險紅銅片○轟雷機之後○旋套引藥管○内裝乾棉藥八段○前段中有一孔○但此孔不可太深○只能恰容銀暴藥管○管後不可有空位○恐空氣墊之○能減其暴力也○引藥管口有螺盂蓋○中有一圓孔○此蓋旋壓於乾棉藥之面○以免藥段搖動○暴藥管即由圓孔揷入○上加薄膠皮片○再用小螺蓋壓之○以阻水滲入○近日德國海部已改用紫銅薄片○因膠片不能受大熱度○每值夏暑天時○多有鎔化之病○夫膠片鎔化○則空氣乘隙而入○棉

藥受潮○炸力減少○因空氣中時寓濕氣故也○雷頭藥膛内裝濕棉藥餅二十○啟羅合英國四十四磅○合中國漕砝秤三十三觔○近日新式魚雷之用棉藥餅○聞其觔重倍增○則轟力愈大也○惟濕棉藥燃炸不速○必須用乾棉藥以引之○使其一齊燃發○而生大爆○力更須銀暴藥之性以助之○則燃速而力大○蓋棉藥之性○一見銀暴藥之性○力大無窮○而藥氣擠緊○忽然盡行爆烈○其力聚而不散○故能生極大之暴力○此亦物性之使然也○凡在水中暴發之藥○如燃炸遲慢○則藥力被水力所壓○而暴力減小○若燃炸極速○齊發之力既合○則反藉水壓之力○而暴力加大也○當雷擊中敵船○鋼鎗縮入○切穿保險紅銅片○鎗之後○尖擊灼銅信而

北洋魚雷營總管都司黎晉賢繪纂

發火。向後直射。由小螺蓋圓孔穿過膠片。而引灼藥管。則乾棉藥濕棉藥一齊燃發。而轟力大矣。嘗考各國用魚雷於戰陣。如一千八百七十七年。五月二十九日。即光緒三年。英國攻秘魯之船。未曾得手。俄土之戰。俄人兩次用雷。攻土兵船。其初次亦未見效。旋於一千八百七十八年。正月二十六日。即光緒三年。冬。俄國兵船名康斯丹丁。以魚雷擊土國兵船於巴東港外。竟全船轟沒焉。顧魚雷一物。能於驚濤駭浪之中。馳擊勁敵。足以寒舟師之膽。果使施用精良。心神鎮定。洞悉要竅。鐵艦巨舟。立致轟燬。其奏效甚捷。厥功最偉。洵稱水師之利器。然經三大戰。僅一次得手。獲效甚難何也。推求其故。良由其時初用此雷。理法未精。措置未當。且臨戰之時。鎗礮交轟。或黑夜遇敵。殊多棘手。苟非技嫻。膽壯。心定。其氣已先餒。岌岌乎且恐為敵所乘。又奚暇顧其中敵哉。故於戰時用雷。實非易易。職其事者。誠能悉心研究。勤加熟練。或用活雷靶。或黑夜操放。與臨大敵無異。俾各得心應手。習慣自然。加以膽壯心定。庶不致臨時惶迫失措。惟戰具可百年不用。不可一日無備。各國費用鉅款。不遺餘力。購辦利器。非必於即用。亦心戰伐謀。消患於未形之為耳。苟用非其法。不特利器將歸無用。適足為敵所乘。可不慎哉。今繪圖十四種。自第十五至二十八問答十六條。

北洋魚雷營總管都司黎晉賢繪纂

戰雷頭問答

問戰雷頭機器有幾種。藥物有幾種。答曰。其機具有八種。藥物有五種。曰四翅鋼鎗。曰前機売。曰保險銅片。曰內壓圈。曰四眼壓圈。曰後機売。曰擋鍵。曰皮條。此八種機具也。曰六角銅信。曰銀暴藥管。曰引藥管。曰乾棉藥段。曰濕棉藥餅。此五者相需之藥物也。

問四翅鋼鎗何用。答曰。鋼鎗旁連四翅。其形如叉。鎗之前後皆尖銳。前尖四翅如閏者。恐魚雷擊敵船不能正著。而中間之鎗頭斜過。即碰著上下左右之一翅。亦能令鋼鎗縮入。切穿保險紅銅片。後端尖處為擊灼銅信而發火。上有圓肩如

北洋魚雷營總管都司黎晉賢繪纂

餘為切穿保險銅片之刀鋒○圓肩後有螺絲○為旋內壓圈○以夾緊保險紅銅片者也○

問前機売何用○○答曰○前機売圓形○前削後大○前有四直口如成為容鋼鎗四翅進退之路○後有陽筍螺紋如歲為接連後機売之用○內週螺紋○為旋四眼壓圈○以壓緊保險紅銅片○売之中有兩眼如律為受單鈎扳手合卸之處○

問保險銅片何用○○答曰○保險者○防銅信誤發而有險○故設此法以紅銅片隔之○當雷放出駛行水中○偶遇浮水各阻物○恐有誤碰先發之險○故嚴防之○是為保險銅片○亦慎之又慎之深意耳○

問内壓圈何用。○答曰。内壓圈旋於鋼鎗後端。為夾緊保險銅片。以防鋼鎗誤撞也。週有四缺口。如(呂)。為受人字口起子合卸之處。

問四眼壓圈何用。○答曰。四眼壓圈中有圓孔。週邊有螺紋。旋於前機殼後口。為壓緊保險銅片。當鋼鎗縮入時。圓肩恰當圓孔。切穿銅片而過。以擊灼銅信也。(調)為四實眼。為受雙釘月牙扳手合卸之處。

問後機殼何用。○答曰。後機殼内裝銅信。牛皮墊。前口内有螺紋。如(陽)。為接連前機殼之用。後有陽筍。如(雲)。外週有兩曲槽。如(螣)。為套接雷頭前口兩筍釘之處。内口有螺紋。如(致)。為旋

北洋魚雷營總管都司黎晉賢繪纂

接引藥管之處。機殼之中有隔堵。中有螺眼。如(雨)。為旋裝銅信之處。是為魚雷發火之源。銅信肩前墊一牛皮墊以阻水滲入。殼前週有五孔。如(露)。為插擋鍵之處。

問擋鍵及皮條何用。◯答曰。擋鍵尾有長孔。如(結)。橫插皮條。以防悞脫。其為用也。橫插於銅信之前。而居內壓圈及四眼壓圈之後。為未裝雷入礮之前。以阻鋼鎗誤撞銅信之險。臨裝雷入礮時。必先除去皮條。拔出擋鍵。然後裝雷入礮。否則擋鍵阻住鎗尖。不能刺灼銅信。則雷雖中敵。斷不轟發。勝敗之機。關係甚大。最宜加意留心。以上八件為機具也

問六角銅信何用。◯答曰。六角銅信。徑二十密里。合工部尺六

分二釐厚十九密里合工部尺五分九釐內有大銅帽前後各一箇前帽實以銀暴藥一撞發火後帽爲噴藥接灼前帽之火向後噴入銀暴藥管故爲魚雷利鈍之根極宜留意

問銀暴藥管何用〇答曰白藥之類有汞暴藥以水銀製成而銀暴藥用真銀製成其性酷烈而速故皆謂之暴藥無論乾濕棉藥不見暴藥之性則燃之而已一見暴藥之性則力大無窮此管長四十三密里合工部尺一寸三分半管徑七密里合工部尺二分二釐內裝銀暴藥半管當銅帽發火火向後射入暴藥管引灼暴藥以灼乾棉藥段濕棉藥餅三種合性雷頭轟擊敵船全以此爲奧妙倘銅信暴藥管兩物稍有

北洋魚雷營總管都司黎晋賢繪纂

潮濕受鹹等病或平時收檢不得法臨事失於覺察鹵莽用之則誤事甚大用者儲者各宜格外留心切勿稍涉大意故每年必試兩次以期慎重試法另詳用雷問答篇内

問引藥管何用○答曰引藥管係機器拉成之薄銅管並無焊縫外徑四十密里零十分之二五合工部尺一寸二分六釐内裝乾棉藥段如（為）第一段中有一孔如（霜）為插置銀綦藥管之處管之前口有管帿如（金）内外均有螺紋外週陽筍接連機壳後口筍後有圓肩墊壓牛皮圈以免滲水之患帿管内週螺紋為旋螺盂蓋如（生）緊壓棉藥之面以免藥段搖動螺盂蓋中有孔如（麗）綦藥管即由圓孔插入上加薄膠片再

以小螺蓋壓之。以防水滲入。此管全體插入雷頭膛內夾套管中。正當濕棉藥之中心。以引火而加轟力者也。故曰引藥管。近年薄膠片改薄銅片

問乾棉藥共有幾段。其輕重尺寸若干。答曰。乾棉藥共計八段。各長五十密里。合工部尺一寸五分七釐五。其徑之大小。與藥管內膛恰合。前段中有一小孔。計重五十八格拉孟。合中國庫平一兩五錢三分一釐。其餘七段。每段計重六十六格拉孟。合中國庫平一兩七錢四分二釐四毫。統計八段。共重五百二十格拉孟。合庫平十三兩七錢二分七釐八毫。按格拉孟係德國權衡。每啟羅分為一千格拉孟。合庫平二十六兩四錢。每格拉孟合庫平二分六釐四毫。

北洋魚雷營總管都司黎晉賢繪纂

問濕棉藥餅有多少水氣○何以不用乾而用濕○答曰棉藥之性○乾者易灼○宜防誤事○濕者中含水氣○每百分中十五分○水為輕養二氣之質○並不減其轟力○而且穩慎○故凡大礮餅藥之內○亦留含水氣○即其理也○無論守口浮雷○碰雷○沉雷○魚雷○皆以濕棉藥為正用○而以乾棉藥為引藥○以接暴藥之力○燃及濕棉藥以助其力○故濕藥皆用餅○取其裝雷合膛耳○水雷所用乾棉藥亦用餅○或整餅○或拉開○因事製宜○而魚雷頭用乾棉藥段者○亦地位相宜耳○其乾棉藥居中○接助暴藥之性○使全膛濕藥受力維均○是非用段不可以均也○況魚雷頭後立蓋裝葯之後○必須加焊○而濕藥無大險○惟其水氣不宜多

於十五分。多則力減。亦不宜少於十五分。少則轉乾而有險。
收存此物。最宜詳慎。

問濕棉藥餅。輕重塊數力量若何。◯答曰。雷頭內所裝濕棉藥餅。其層數塊數。新舊之式不同。原無一定。現在中國所購之鏻銅魚雷。已別為三種。計光緒七年所購之老式雷頭。內分九層。共大小七十六塊。光緒九年所購之式。內分八層。計大小四十五塊。今按光緒十年所購之新式者。膛內分為九層。第一層圓餅一塊。前小後大。形合內膛。中有大孔。套合引藥管者也。第二層四塊。合為一圓餅。第三層五塊。第四層五塊。第五層六塊。第六層六塊。第七層七塊。第八層八塊。此八層中皆有孔。以容引藥管。惟第九層九塊。四週八塊。中一塊為圓餅無孔矣。合共五十一塊。計重二十啟羅。合中國曹砝秤三十三觔。近日新式魚雷。聞其棉藥倍增。雖有新聞。未見其物。不便妄言其數。計其力量比礮藥四培。能比一百七十六磅藥力。凡鐵甲水線以下八九尺。斷不能厚。故魚雷攻敵。當在九尺十尺內外。詳載定雷問答說內

問戰雷頭壳輕重尺寸何如。○答曰。戰雷頭輕重尺寸。與操雷頭一樣。惟其前口又名魚嘴。內有兩筍釘如(水)。以接合後機壳兩曲槽。使其曲入而穩固。後口釘焊三角銅圈如(玉)。是為子口。三角相距有三筍釘如(出)。用錫焊固。外有三窩眼如(崑)

為受三螺鍵以接連深淺機子口內週有六螺眼如(岡)為受六螺釘旋緊後立蓋之用膛內中有夾套管如(劍)用錫鑲焊於魚嘴內口棉藥餅即圍繞夾套管之外後口之下有八進水眼如(號)上有一洩氣眼如(巨)此兩種眼所關甚大其功用之理已詳於操雷頭圖說內勿庸重贅也

問戰雷頭棉藥裝入膛內之後其後立蓋如何封焊(　)答曰裝焊之法先將膛內子口與後立蓋相貼處擦刷潔淨然後將藥餅輕輕裝入必須每層合緊一絲不動方為合法倘有稍鬆恐炸時火由隙縫竄過則藥餅未及全灼外皮先爆而炸力反減裝妥後蓋以厚紙片上加井字式之木襯以壓之然

北洋魚雷營總管都司黎晉賢繪纂

後蓋上後立蓋。旋以六小螺釘。使蓋與子口緊合。用烙鐵以錫粉焊之。使其易於鎔化。至烙鐵熱度不可過熱。必須慎重。以上十六問答。為臨戰之要事。平日不能常操常見。故學者宜牢牢緊記。時刻勿忘。克敵建功。全在於此。

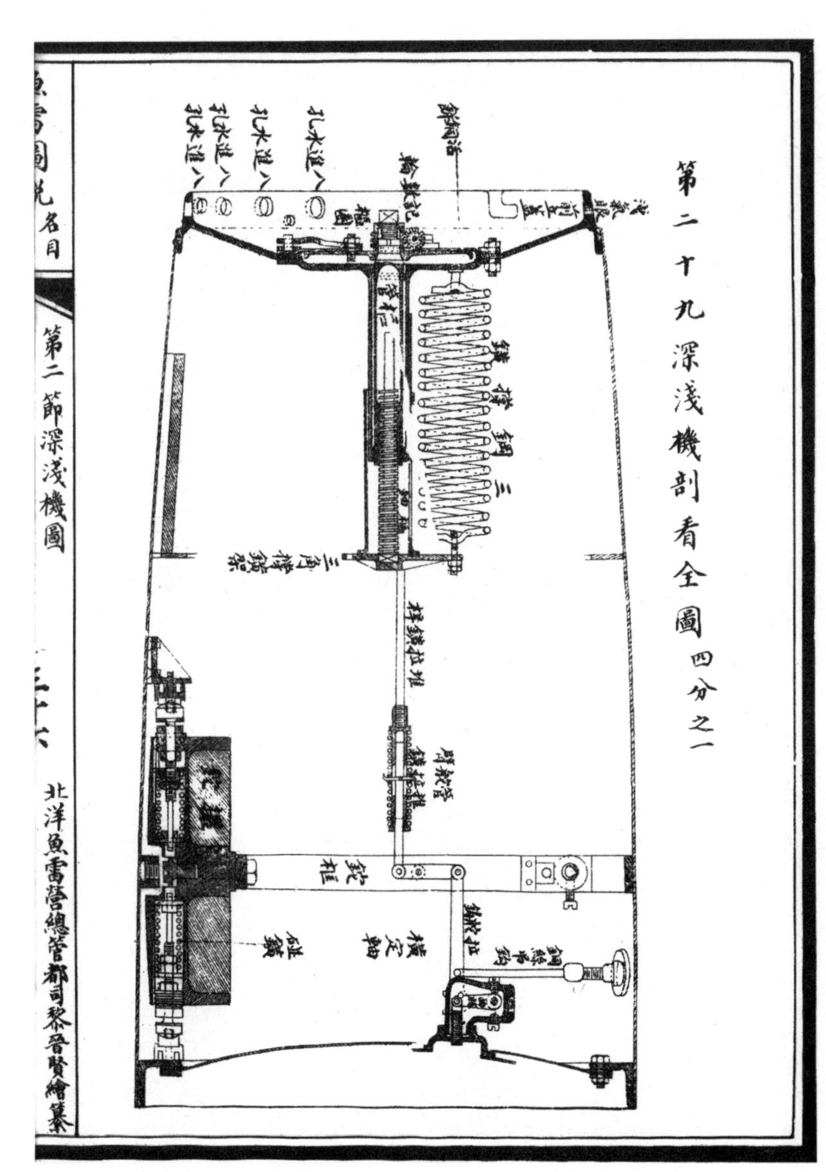

第二十九深淺機剖看全圖 四分之一
魚雷圖說名目
第二節深淺機圖
北洋魚雷營總管都司黎晉賢繪纂

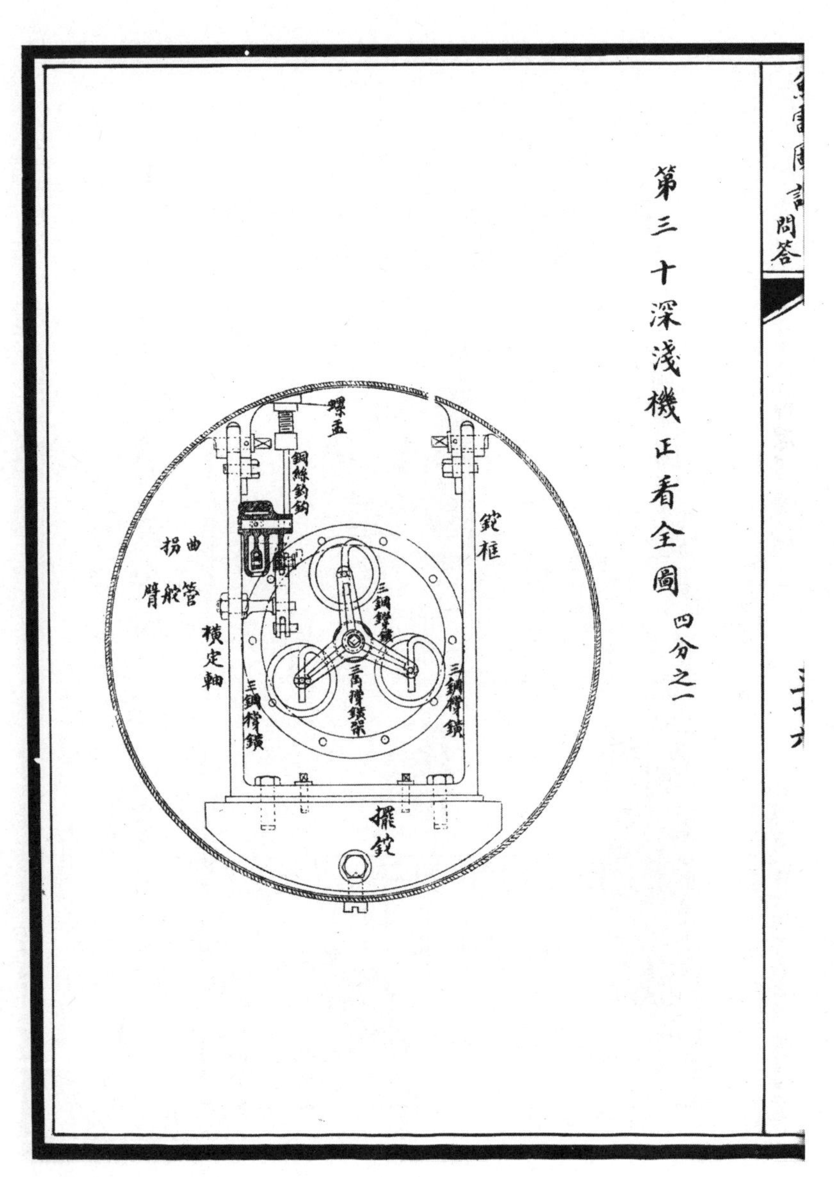

第三十深浅機正看全圖 四分之一

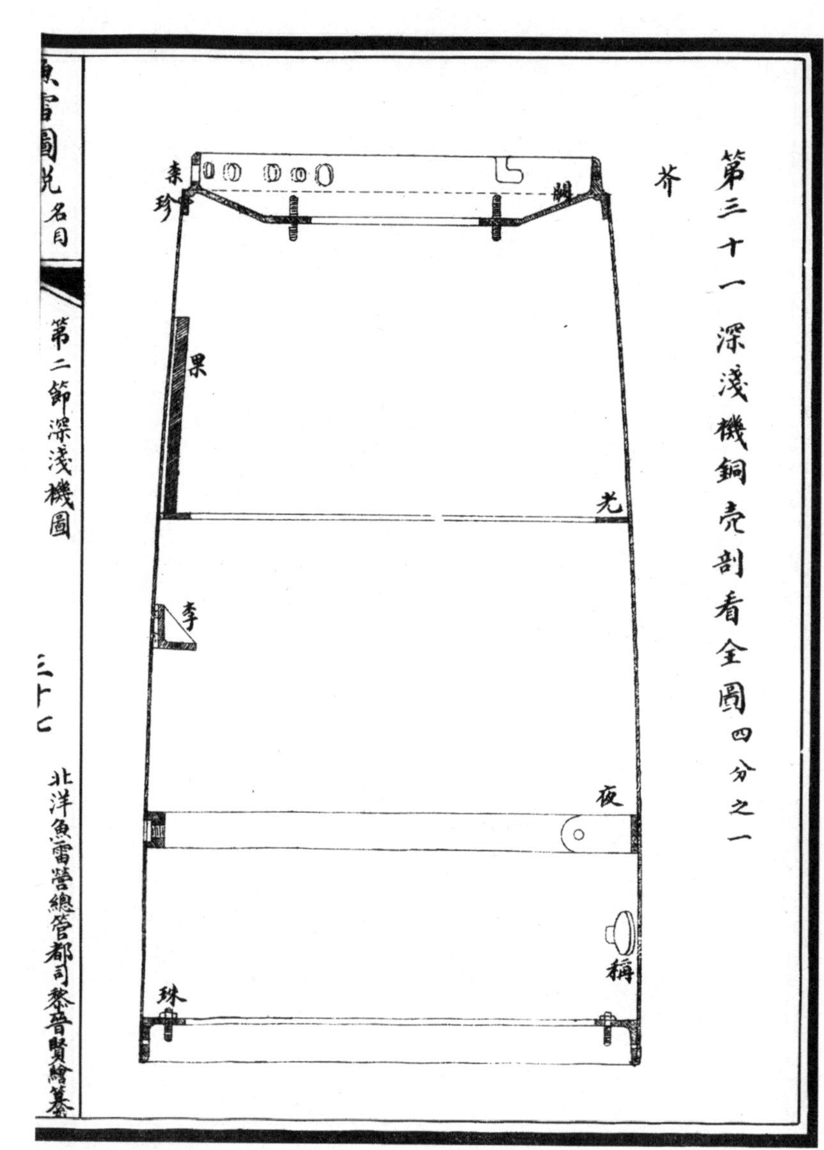
第三十一深淺機銅殼剖看全圖四分之一
芥
柰
珍
果
光
李
夜
稱
珠
魚雷圖說名目
第二節深淺機圖
三十七
北洋魚雷營總管都司黎晉賢繪纂

第三十二前立蓋正看圖四分之一

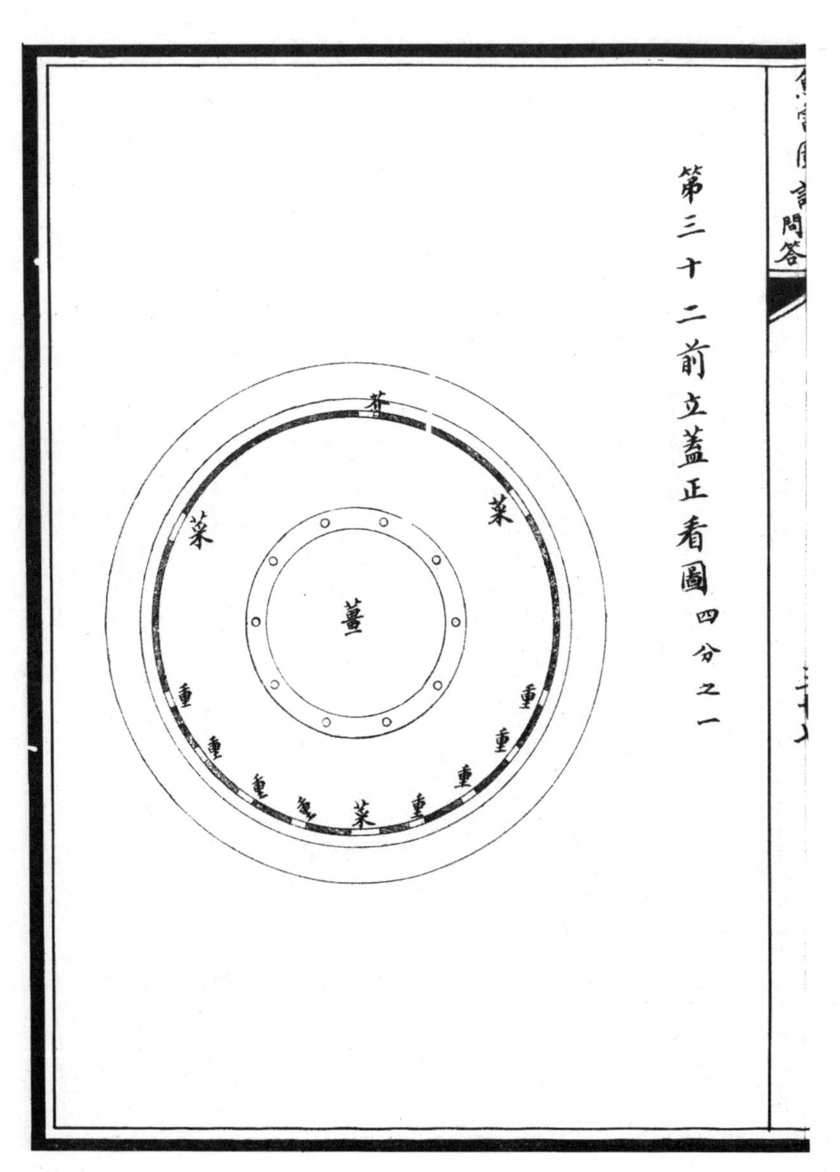

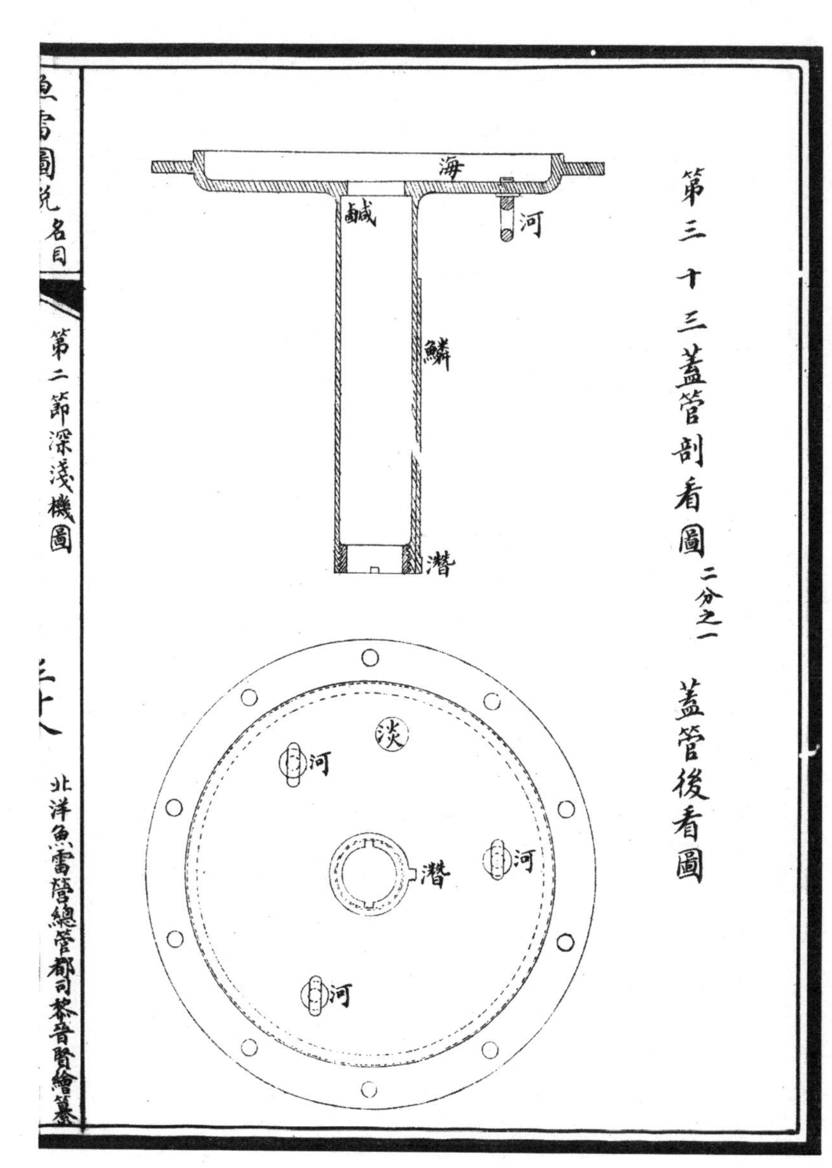
魚雷圖說名目
第二節深淺機圖
三十八
北洋魚雷營總管都司黎晉賢繪纂
第三十三蓋管剖看圖 二分之一
海
河
鹹
鱗
潛
蓋管後看圖
淡
河
潛
河
河

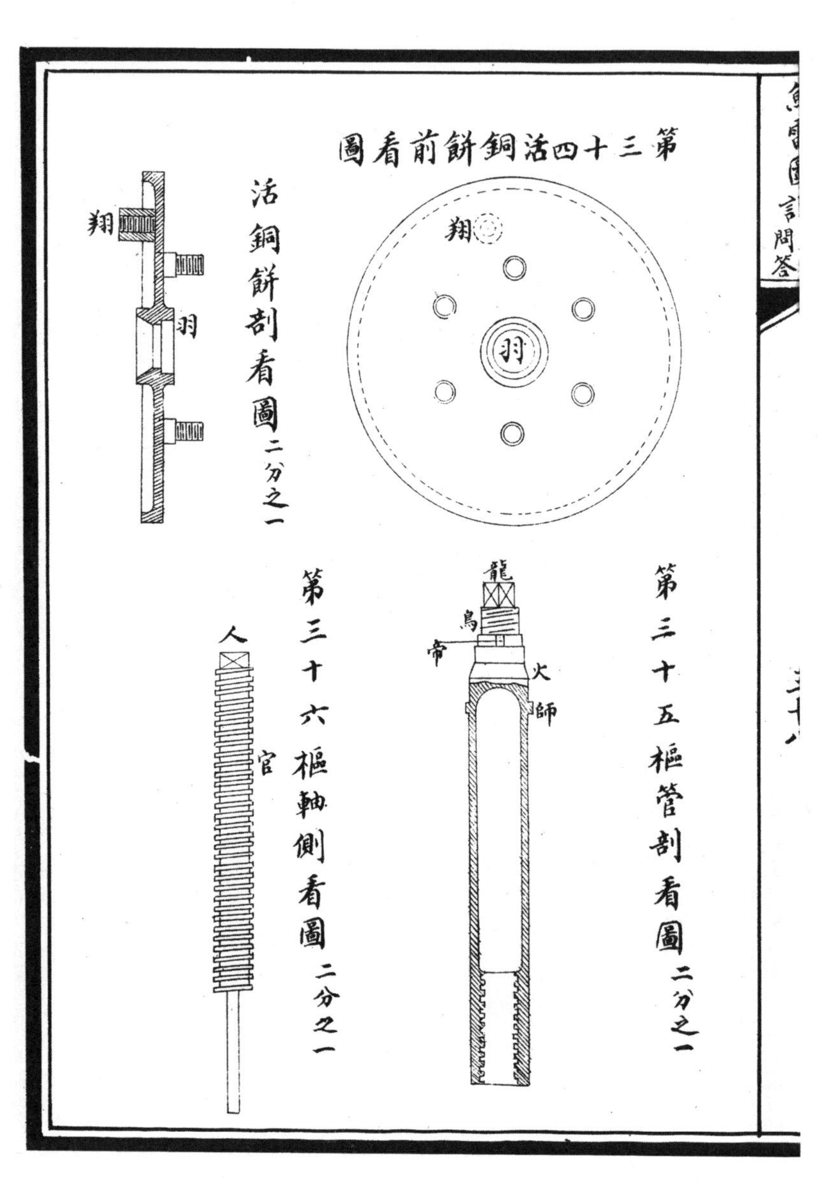
第三十四活銅餅前看圖
翔
羽
活銅餅剖看圖 二分之一
翔
羽
第三十五樞管剖看圖 二分之一
龍
鳥
帝
火
師
第三十六樞軸側看圖 二分之一
人
官
魚雷圖説問答

第三十七三角撐鐀架並套管剖看圖 二分之一

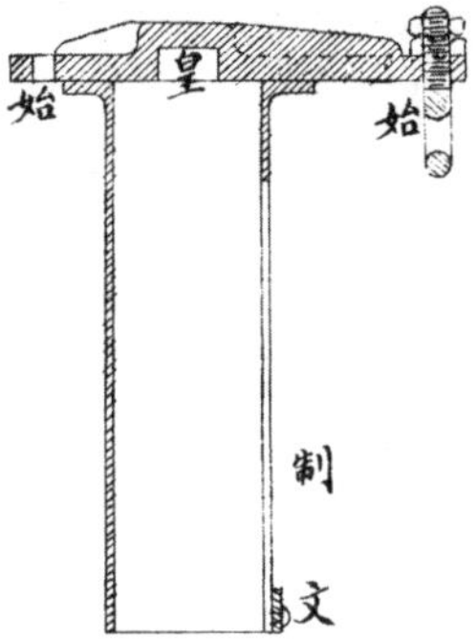

三角撐鐀架並套管平看圖

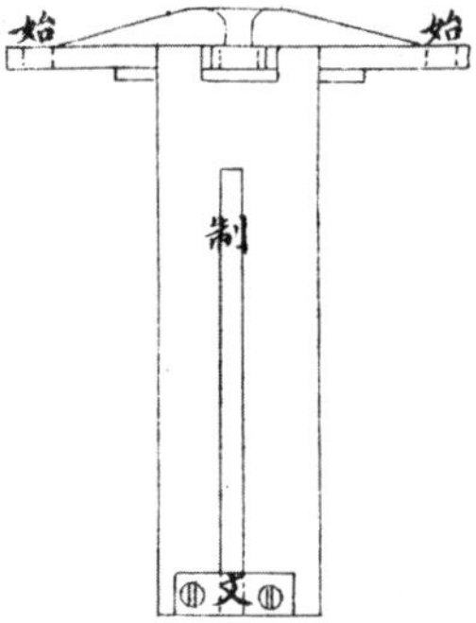

第三十八記數輪並架側看全圖 照大

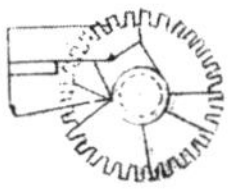

記數輪並架平面全圖

第三十九柄圖前看圖

二分之一

銷子

輪架前看圖

記數輪側看圖

魚雷圖說名目

第二節深淺機圖

三十九

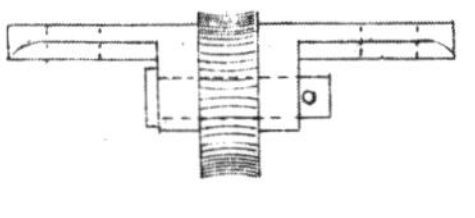

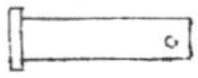

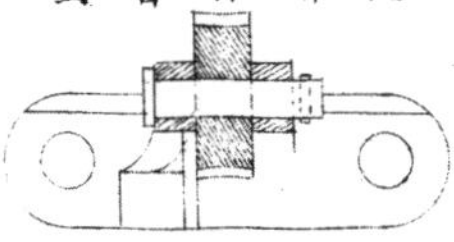

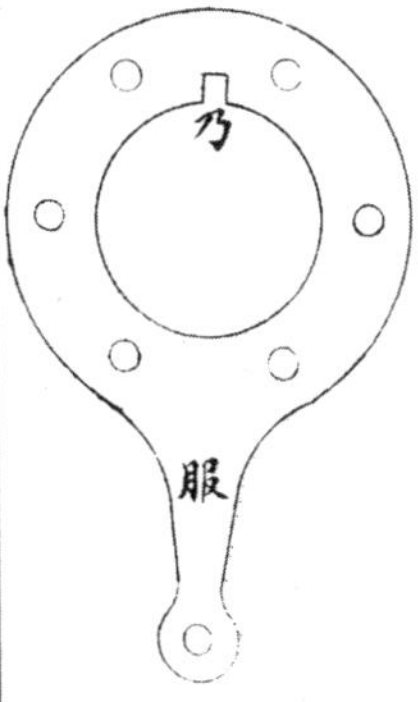

北洋魚雷營總管都司黎晉賢繪纂

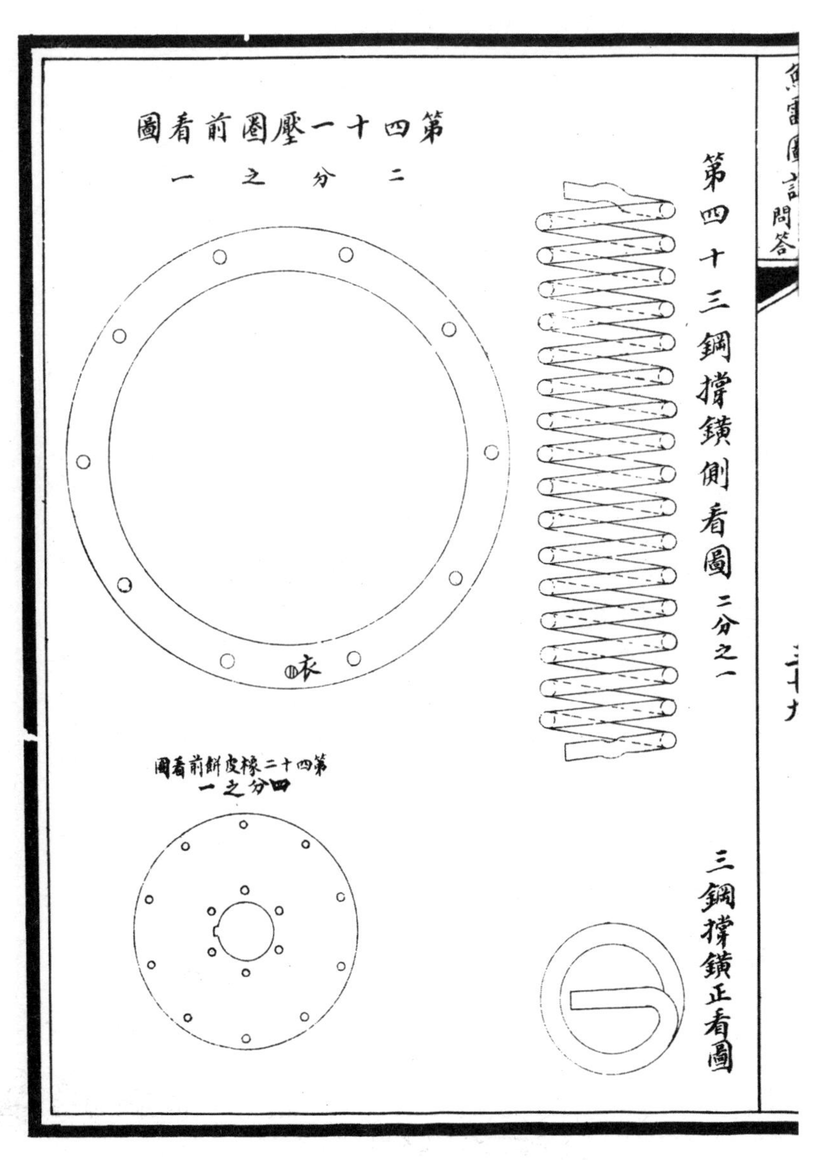
第四十一壓圈前看圖
二分之一
衣
第四十二橡皮餅前看圖
四分之一
第四十三鋼撑鐄側看圖
二分之一
三鋼撑鐄正看圖
魚雷圖説
問答
三十九

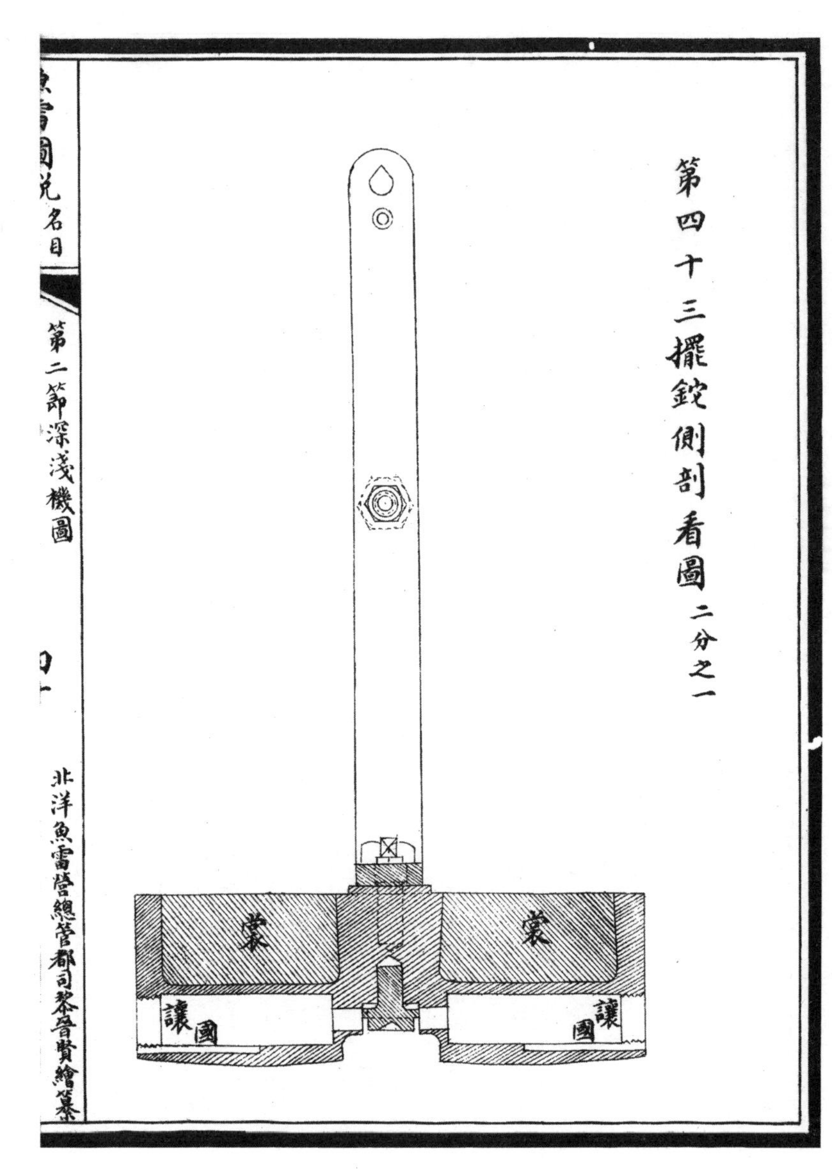
第四十三擺鉈側剖看圖 二分之一
魚雷圖說名目
第二節深淺機圖
北洋魚雷營總管都司黎晉賢繪纂
蒙
蒙
讓國
讓國

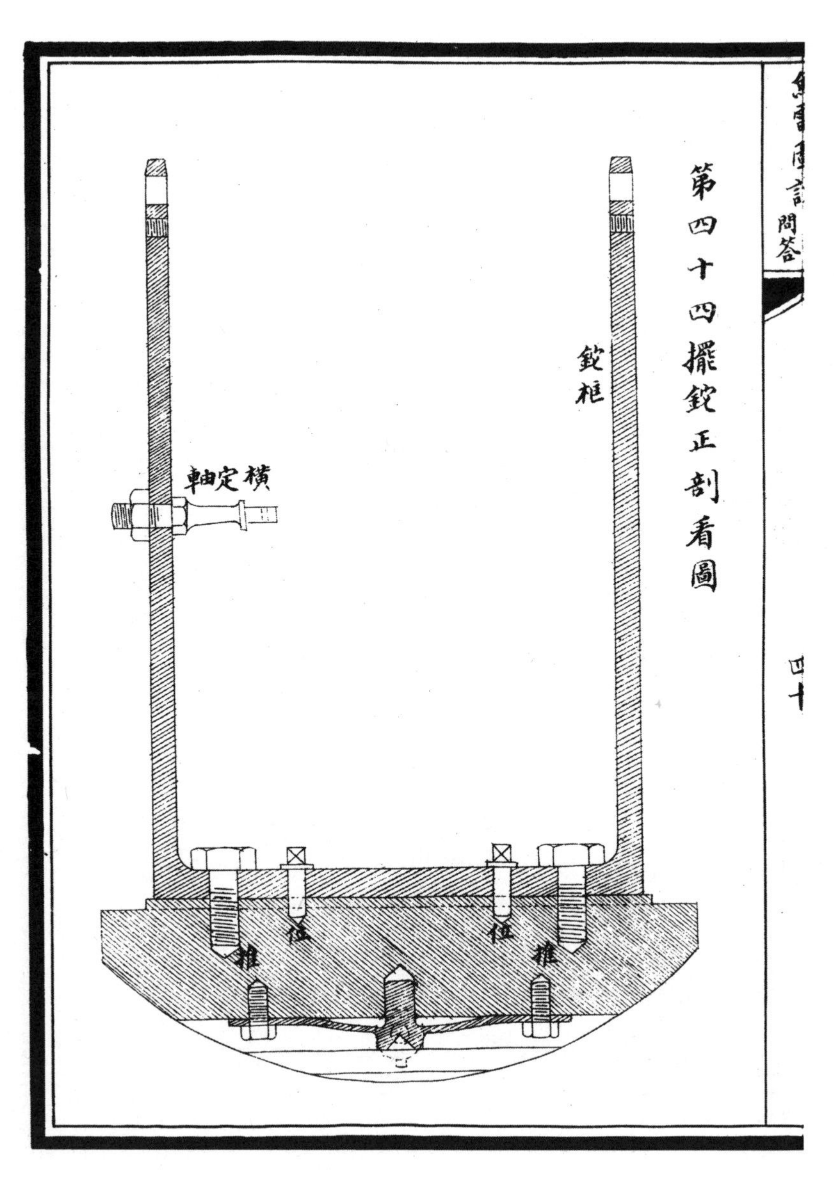
第四十四擺鉸正剖看圖
鉸柱
横定軸
位
位
推
推
問答

擺鉈仰看圖

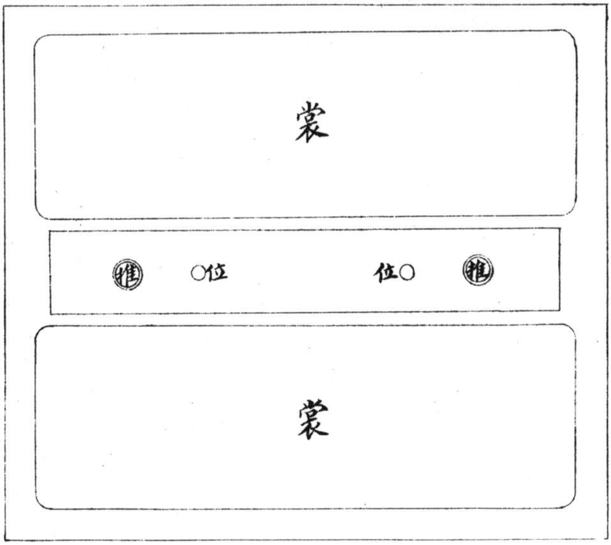

裳

推 ○位 位○ 推

裳

項鉈鋼鑛剖看圖

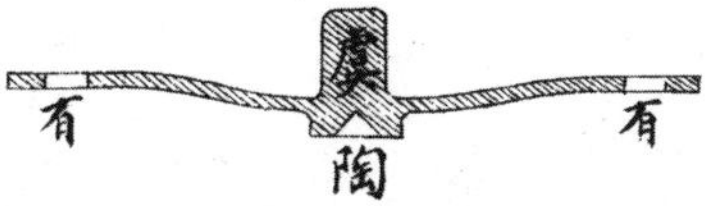

虞

有 有

陶

第四十五項鉈鋼鑛平看圖

二分之一

有 虞 有

北洋魚雷營總管都司黎晉賢繪纂

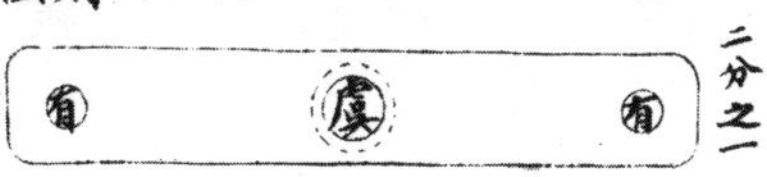

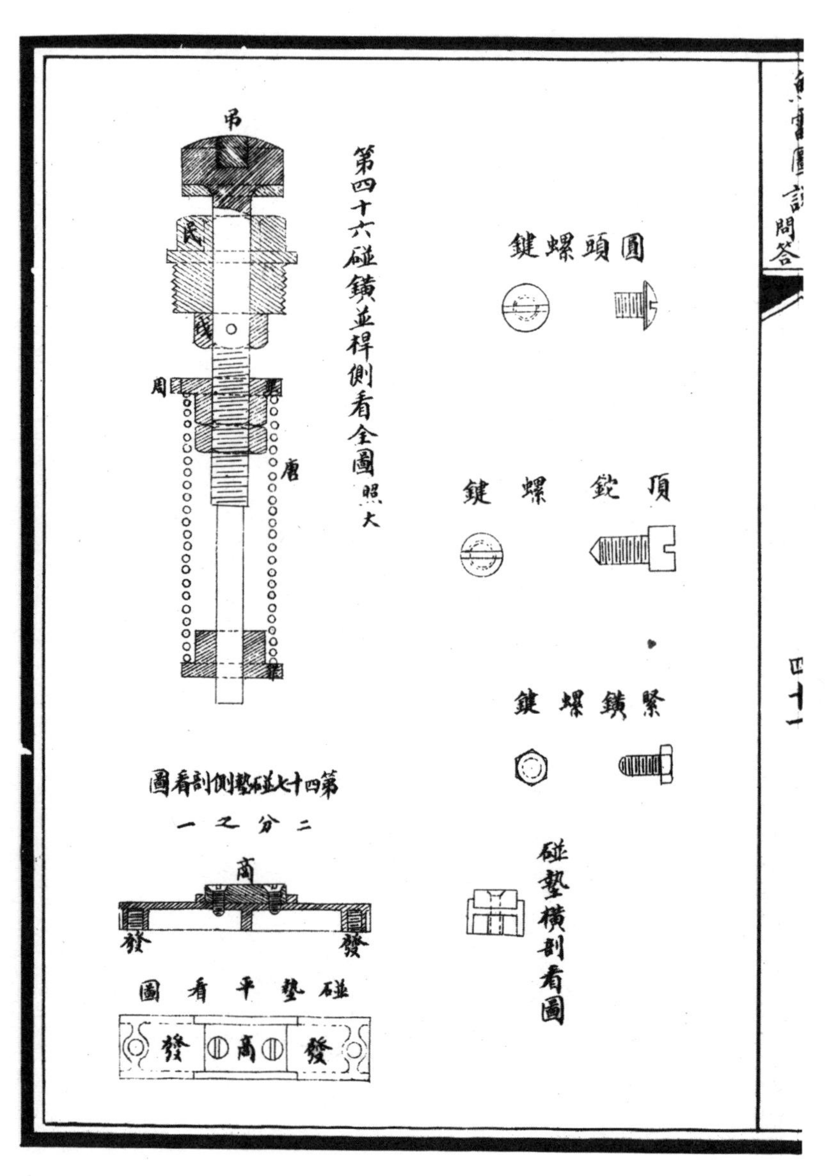

第四十六碰鐄並桿側看全圖 照大
吊
民
戌
周
唐
圓頭螺鍵
頂錠螺鍵
緊鐄螺鍵
碰墊橫剖看圖
第四十七碰墊側剖看圖
二分之一
商
發
發
碰墊平看圖
發
商
發
魚雷圖說 問答
四十一

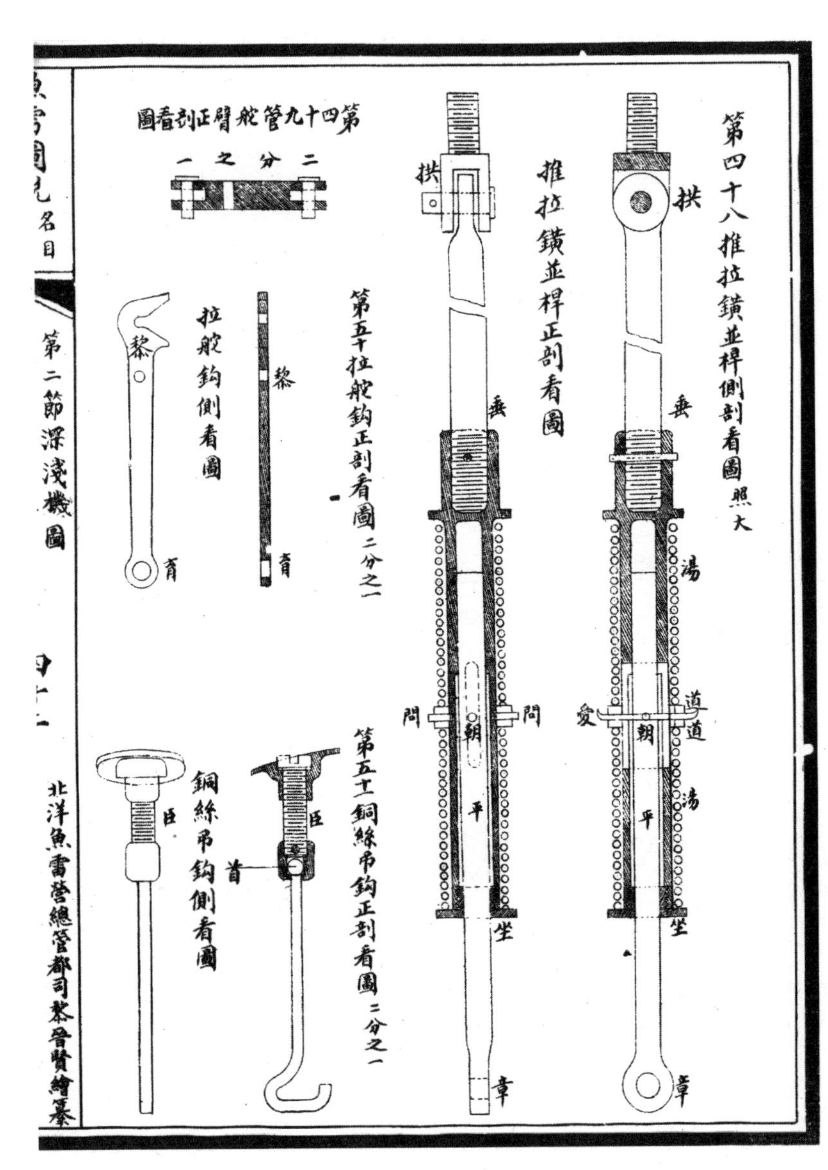

第四十八推拉鑽並桿側剖看圖 照大

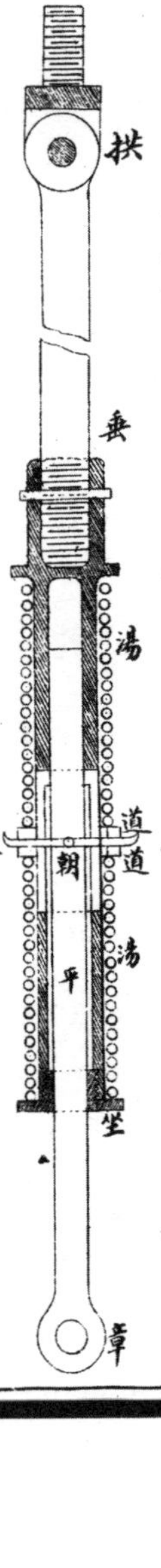
拱
垂
湯
道
道
愛
朝
湯
平
坐
章

推拉鑽並桿正剖看圖

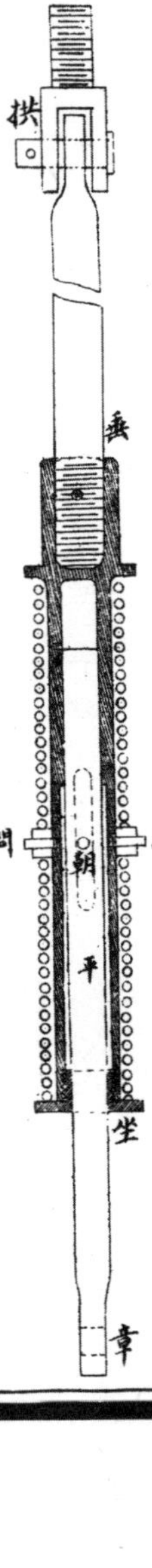
拱
垂
問
問
朝
平
坐
章

第四十九管舵臂正剖看圖

二分之一

第五十拉舵鉤正剖看圖 二分之一

黎
育

拉舵鉤側看圖

黎
育

第五十一銅絲吊鉤正剖看圖 二分之一

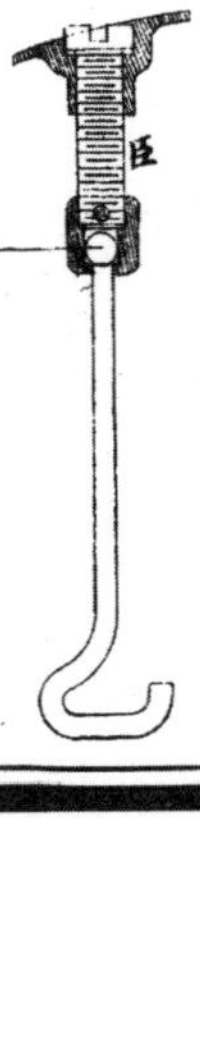
臣
首

銅絲吊鉤側看圖

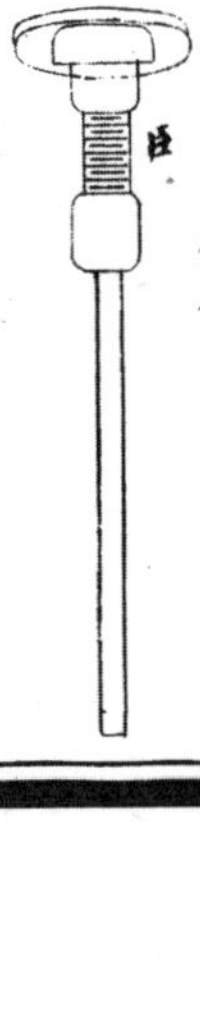
臣

第二節深淺機圖

北洋魚雷營總管都司黎晉賢繪纂

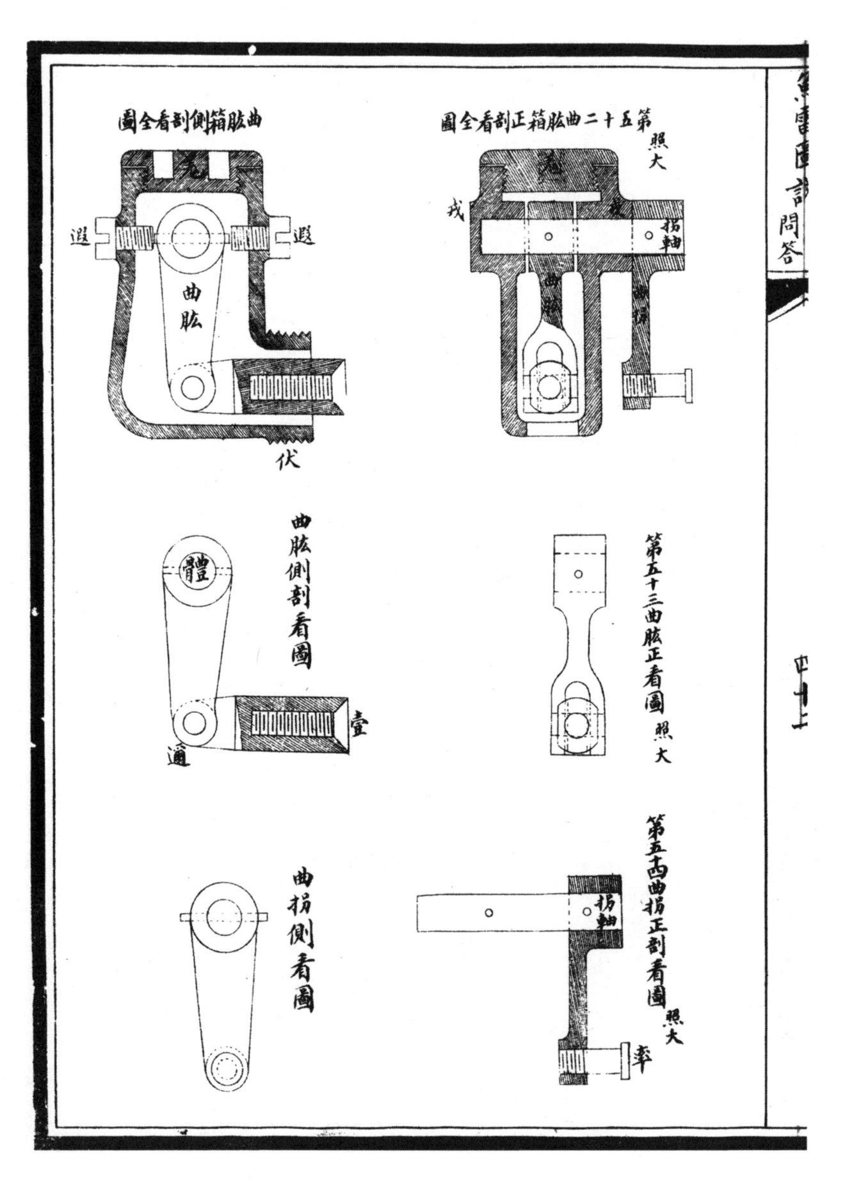

第五十二曲肱箱正剖看全圖

曲肱箱側剖看全圖

第五十三曲肱正看圖

曲肱側剖看圖

第五十四曲拐正剖看圖

曲拐側看圖

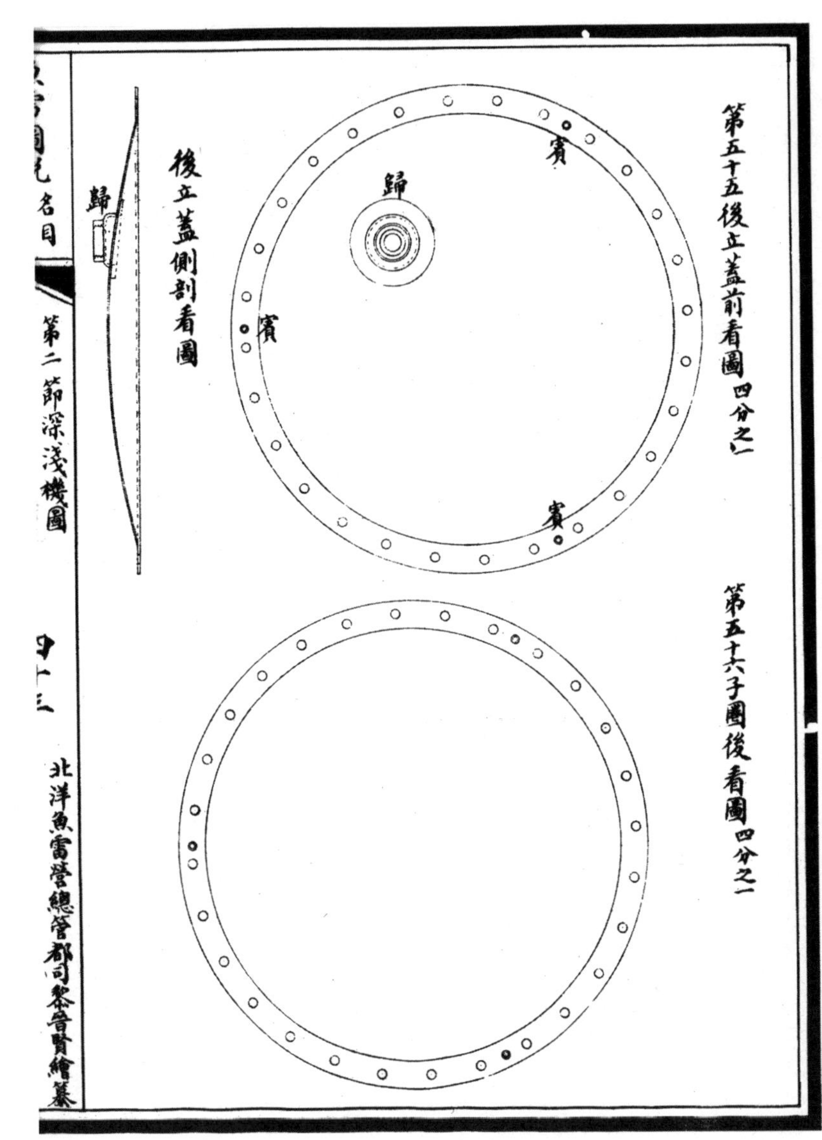
第五十五後立蓋前看圖四分之一
賓
歸
賓
賓
後立蓋側剖看圖
歸
第五十六子圖後看圖四分之一
第二節深淺機圖
北洋魚雷營總管都司黎晉賢繪纂

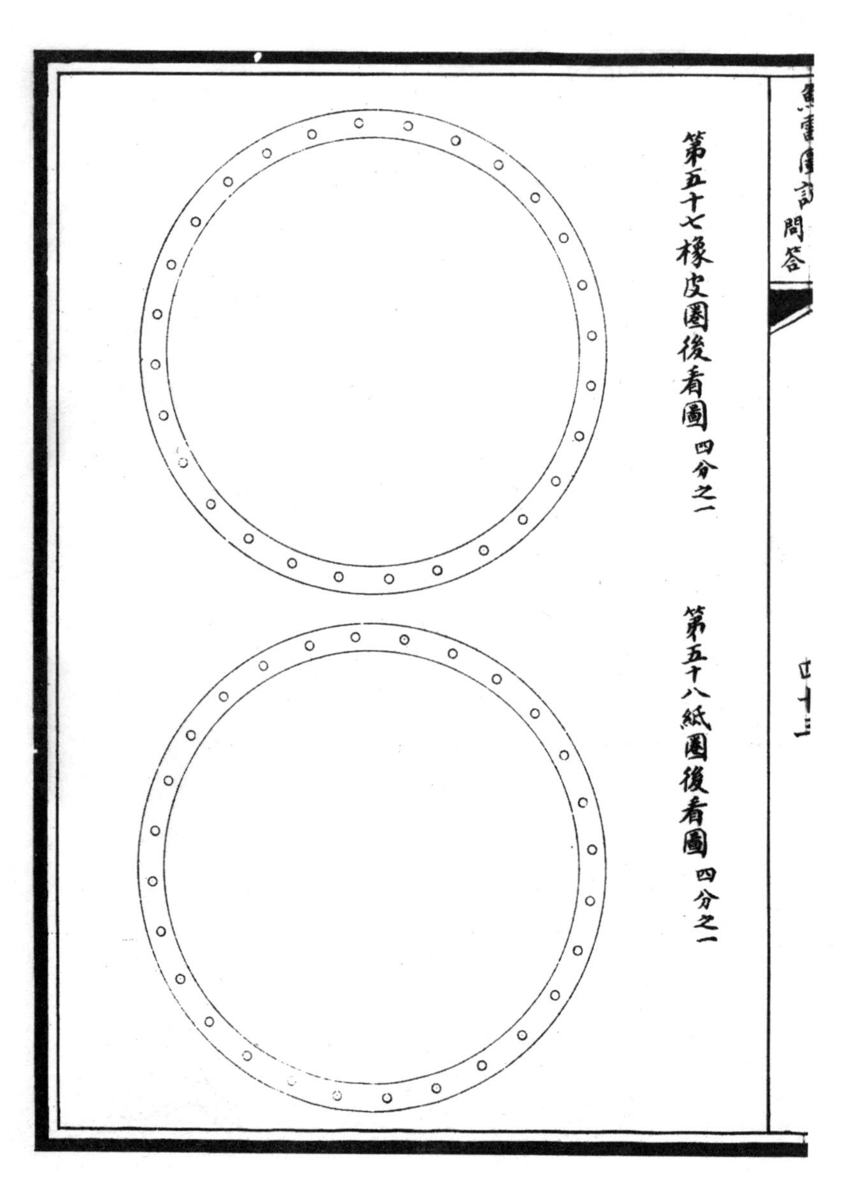
魚雷圖說 問答
第五十七橡皮圈後看圖 四分之一
第五十八紙圈後看圖 四分之一

第二節深淺機説

深淺機者。為魚雷行駛水中深淺升降取準之樞紐也。此機之設。理法甚深。海上利器。大礮專擊水上之船。而未能擊艦底。惟魚雷水雷之為用。以專擊敵人之船底為功。若浮行水面。正當敵船鐵甲厚處。雖能命中。亦難得力。故必須深入水中。至六七尺以下。當其甲薄之處。即不為敵人所覺。而所攻適當其弱。其器之得力在此。可貴亦在此。施用之難尤在此。當初創之時。魚雷浮行水面。每為波浪所移。而改其方向。施放亦難取準。故懷台氏精心考究。添活銅餅借水激力。以伸縮撐鑚。為魚雷入水自能深淺升降之主。又以擺鉈向前向後之力。以助其升降之度○鋼雷銅雷○共此機要○實為魚雷理法之奥妙○泰西各國○講求武備○競相爭雄○水師各官○罔不悉心研求用雷理法○試得利弊○不惜重資以就其長○幾於日新月異○又以事關海戰强弱○未肯輕以示人○其機要之法○甚為秘密○凡購用者○須勤於較定操試○方知其中要竅○糜費孔多○至於定雷入水若干深○則以鑰鍉鉗樞管方頭○向右旋轉○樞圈隨之○而撥動記數輪○轉至準針向所定之數碼○惟樞管向右旋轉○則樞軸漸抵動三角撑鐄架向後○以伸開三撑鐄○斯時活銅餅未受水壓力○故三撑鐄之力尚係全伸○推動活銅餅向前○及雷射入水中○水由雷頭項下八進水孔而入○則雷頭與深淺機相距之間○所存空氣○由洩氣眼而出○

借水壓力以激抵活銅餅。則三撐鐄内縮。其伸縮之妙。即為魚雷入水淺深升降之主。海水十密達深。則每一見方生脱。其壓力為一啟羅零千分啟羅之二十六。依算例。活銅餅共計一百十七方生脱。則魚雷每入水深一密達。活銅餅所受壓激之力。為十二啟羅。譬如定雷入水二密達。則三撐鐄之抵力。為二十四啟羅。若雷循所定之界限而行。向前已有駛行之力。水由八孔而入。則活銅餅所受之激壓力。與三撐鐄之力互相抵敵。其力維均。故三撐鐄之力。激則縮。緩則伸。此借水力之妙用也。魚雷射入水中。初駛形狀。本成一曲線。循所定之界限升降起伏。有如浪湧。約行至百密達之遠。其勢幾成一直線。諳練較定魚

北洋魚雷營總管都司黎晉賢繪纂

雷之人。視水面浪痕。便知其中情形。若魚雷入水過於所定之限。則活銅餅所受激力。勝於撐鏆之力。衝激活銅餅向後。其推拉鏆桿。乃鑲連於活銅餅左邊之螺管。故活銅餅向後。推拉鏆桿亦向後。推動管舵臂下端向後。而管舵臂中孔。套於鋌框之橫定軸。故上端方向與下相反向前。帶動拉舵鉤及曲拐亦向前。而曲肱與曲拐相連運動。故方向亦同。則曲肱下端。拉動拉舵桿向前。天氣缸後之三角拐。上端向前。下端有蒂軸。擺動升降桿向上。則升降舵葉反。上而魚雷亦向上而行。惟擺鋌與水平面恆合垂線。故其前後擺動。則隨魚雷之起伏而行。若魚雷伏。則擺鋌向前垂。魚雷起。則擺鋌向後垂。以應制其舵。使之升降平準○凡擺鉈前後行動三密里○則魚雷俯仰角度○應合一度四十八分○如上下差一二分○尚屬可行○若過此數○斷不能用○應重較定○凡機內各件稍有不靈○或擺鉈碰鑲有澁滯○皆與魚雷升降有礙○不可稍涉大意○蓋魚雷游行水中○若無擺鉈以司其俯仰○則魚雷值舵葉反上之時○直向上行○轉瞬間即越出二密達之上○而水力當弱○活銅餅又被撐鑲之力○推之向前○則舵葉反下○而魚雷又向下而行○頃刻復入二密達之下○如此俯仰角度甚大○升降不息○非特魚雷方向難準○且耗魚雷之速率○故較定者○應令魚雷起向上行之時○擺鉈隨即向後○橫定軸亦向後○推動拉舵鈎曲拐○及相連之曲肱亦向後○而拉舵桿與天氣缸

後之三角拐。上端向後。下端向下。帶動升降桿亦向下行。而舵葉稍降。略減舵葉向上之度數。則魚雷行駛水中。升降合度矣。

魚雷在雷橋射放。定二密達深。初出筒時。其活銅餅及擺鉈相連各件。方向運動之理。

魚雷在水中能循所定之限。而駛射合準者。全賴活銅餅所受激壓力。與撐鐀之力相敵。以制平其升降舵。如定雷二密達深。在雷橋射放。若雷筒入水不及此數。則魚雷出筒時。因活銅餅所受激壓力。不及撐鐀之力。故推活銅餅向前。帶動推拉鐀亦向前。管舵臂下端向前。上端向後。拉舵鈎及曲拐亦向後。其曲肱與曲拐動止一律。故曲拐向後。帶動曲肱及拉舵桿均向後。

天氣缸後之三角拐○上端向後○下端向下○撥動升降桿下行○則舵葉反下○而魚雷亦向下而行○惟活銅餅進退以運動升降舵○其舵葉向上向下之度數甚大○致魚雷上下升降○而減其速率○故魚雷向下而行○擺鉈隨即向前○其橫定軸則隨擺鉈之行向○帶轉拉舵鈎及曲拐向前○曲肱與拉舵桿亦向前○天氣缸後之三角拐○上端向前○下端向上○撥動升降桿上行○則舵葉畧向上○以減其向下之度數○及魚雷恰在二密達之限行駛○則活銅餅所受激壓力○與三撐鐀之力相均○而活銅餅居中○升降舵平直而行○擺鉈與水平面合垂線○而魚雷升降平準矣○今繪圖三十種○自二十九至五十八○問答二十九條○學者須精心求之○

北洋魚雷營總管都司黎晉賢繪纂

第二節深淺機問答

問何謂深淺機◯答曰凡物之在水中。有浮有沉。自然之理也。欲其沉下水面若干尺。而不再向下沉。是倚人力為之機。則方可操縱自由。此機為第二節。在雷頭之後。全雷之體。升降深淺之權。在此一節。全賴廠中工匠較定宜精。而後弁兵操習之宜方準。及至戰時而後用之得當。其要在此。其難亦在此。即剏製之家。亦非一年一時能考究而成也。

問既非一次做成。願聞其由◯答曰同治九年懷台氏創造魚雷。設有是機。製法未甚精妙。斯時機內只有擺鉈以運動升降舵。經各國水師專心考究。施放甚難得準。深求其故。蓋因

北洋魚雷營總管都司黎晉賢繪纂

擺鉈不能使魚雷伏入水中。而反躍浮水面。為風浪所衝激。方向無準。故懷台氏又復苦心研思。兩三年之久。至同治十一年。添用活銅餅及三鋼撐鐄各件。以借水之激壓力。使與擺鉈相連運用。以節制於升降舵。而升降深淺之權準矣。其中機件甚繁。故工匠定雷秘要。以此節為最重。

問此一節機件有多少。是何名目。◯答一曰銅機殼。二曰前立蓋。三曰蓋管。四曰活銅餅。五曰樞管。六曰樞軸。七曰三角撐鐄架。八曰記數輪。九曰柄圈。十曰三鋼撐鐄。十一曰壓圈。十二曰橡皮餅。十三曰擺鉈。十四曰鉈框。十五曰頂鉈鋼鐄。頂鉈螺鍵。十六曰碰鐄。十七曰雙碰墊。十八曰推拉鐄。十九曰

管舵臂○二十曰銅絲吊鈎○二十一曰曲肱箱○二十二曰曲肱
曲拐○二十三曰後立蓋○二十四曰子圈○橡皮圈○紙圈○共計二
十四宗○合為一體○
問何謂銅機殼○◯答曰○此即第二節之外殼○其長五百九十四
密里○合工部尺一尺八寸七分○有鐵模為式○用鏻銅片合模
捲成○前口鑲焊前立蓋如（關）○為接合第一節雷頭之用○殼之
後口○釘焊三角銅圈如（珠）○是為子口○外週有坡眼二十四個○
為接連天氣缸之螺鍵○子口內週有二十八螺○釘用錫焊固○
為旋後立蓋之用○殼上脊線偏左○鑲焊一螺盂如（稱）○以受吊
鈎○螺鍵膛內均鍍以錫○中腰鑲焊大力圈如（夜）○此圈上置兩

北洋魚雷營總管都司黎晉賢繪纂

耳以懸擺鉈下有一螺孔為受頂鉈螺鍵及圓頭螺鍵之用大力圈之前焊一鍍錫鋼圈如光以襯之鋼圈之下有一半圓缺口果為方鉛焊於鋼圈之前底亦有槽防有滲漏以便卸水壳之前端下邊有一小螺眼如珍為受瀝水螺鍵膛内底近中處鑲焊銅座如李上有兩螺眼為受螺鍵以定前碰墊之用以上皆言鑲焊各件以成銅機壳之體也

問前立蓋何用〇答曰前立蓋釘焊於銅機壳前口前有陽筍如柰以接合第一節雷頭三角相距有三曲口如菜週有三螺眼為接合雷頭後口三筍釘及三螺鍵之用下有八進水孔如重此八孔在圖不能全見也上有一洩氣眼如芥皆與

雷頭後口恰合其功用之理已詳於雷頭圖說內蓋之中有大圓口如(蓋)為含活銅餅之地位圓口週邊有十螺釘用錫焊固內週螺釘為套合蓋管之用外週螺釘為受橡皮餅及銅壓圈以阻水滲入

問蓋管何用(○)答曰蓋管前形似蓋後有長管係相連鑄成故謂之蓋管前有淺盂如(海)內含活銅餅盂之中有子口如(鹹)以節制樞管向前之限活銅餅出入二窓里六其在恰中之時前後各一窓里三蓋之週邊有十圓孔為套合前立蓋圓口內週十螺釘蓋底三角相距有三銅鼻如(河)為三鋼撐鑽之根蓋之左邊有一圓孔如(淺)以通活銅餅左邊之螺管長

管之上有方脊如（鮮）。為合分套管之方槽。使套管只有伸縮而無旋轉。方脊後端有蒂如（潛）。為套管伸出之限。長管後口有螺紋。為旋套螺圈。以定正樞管之用。

問活銅餅何用。答曰。活銅餅之用。為借水力。以激動撐鑛。即為魚雷入水深淺之主。前已說其來由矣。中有圓孔如（羽）。後口坡斜。為套合樞管前端之坡肩。前口有淺槽一週。以受樞圈內壓牛皮墊。以阻水滲入。圓孔外週有六螺釘。用錫焊固。為套合橡皮餅及柄圈之用。活銅餅左邊有螺管如（翔）。為旋接推拉桿之用。

問樞管何用。答曰。樞管後口內有方螺紋。為旋套樞軸。前端有方頭如龍。為受鉗旋轉。以伸縮撐鑽之用。上有圓肩一週如師。以節制樞管向前之限。前有坡肩如火。為套合活銅餅中之圓孔。坡肩之前有方笋如帝。以套樞圈。再前有螺紋如鳥。為受螺圈以壓緊樞圈之用。

問樞軸何用。○答曰。樞軸前有圓丁。中有方螺紋如官。旋入樞管之內。以伸縮撐鑽。後有方頭如人。為套入三角撐鑽架之方槽。以免樞軸悞轉。

問三角撐鑽架並套管何用。○答曰。三角撐鑽架與套管相連。用錫焊固。架之中心有方槽如皇。為握定樞軸方頭之處。使其不能旋轉。三角之端。各有一眼如始。以受螺絲鼻後用兩

北洋魚雷營總管都司黎晉賢繪纂

螺母旋之○為鉤定撐鑽之用○套管套於蓋管之外○上有長槽如(制)○為合蓋管之方脊○使套管只能伸縮而無旋轉○管尾有小橫梁如(文)○用兩小螺釘旋之○為套管伸出之限制○

問記數輪何用○(◯)答曰○記數輪○為定魚雷入水淺深之數○週邊有三十齒○恰合樞圈之螺紋○中有圓孔○以小圓軸拴於輪架之上○架之兩端各有一眼○套合於活銅餅上端兩螺釘○輪架左邊有細鷹準如(字)○向外面旋轉○指定輪面字碼○其中機關鬆緊之度○即入水深淺密達之數○與鷹準脗合○

問柄圈何用○(◯)答曰○柄圈週邊有六圓眼○為套合活銅餅六螺釘○上用六螺母旋之○壓緊橡皮餅○以阻水滲入○中有圓孔○上

端有缺口如乃為受記數輪圈之下有柄如服柄端有孔套入壓圈下端之螺釘。使活銅餅只能進退。而無旋轉也。

問三鋼撐鑽何用。〇答曰。鋼撐鑽三根。用四密里半大鋼條盤成十六週盤圓外徑五十一密里。前端鈎連蓋管底之銅鼻。後端鈎連三角架端之螺絲鼻。以抵活銅餅所受之水壓力。一伸一縮。為魚雷入水深淺之準。計魚雷每入水深一密達。則活銅餅所受水壓力。為十二啟羅。若入水更深。則水壓力因之而遞加。凡魚雷入水深。以四密達半為限。則活銅餅受水壓力。為五十四啟羅。而撐鑽之抵力。亦為五十四啟羅。合中國漕砝秤八十九觔一兩六錢也。每觔按十六兩庫平合算

北洋魚雷營總管都司黎晉賢繪纂

問壓圈何用○答曰○壓圈週有十圓眼○為套合前立蓋圓口外週十螺釘○以壓緊橡皮餅之用○下有一螺丁如(衣)○套合柄圈下端之孔○以免活銅餅旋轉也○

問橡皮餅何用○答曰○橡皮乃印度樹膠也○其性輭而極粘密○舒之則漲○壓之則縮○不透水氣○故魚雷凡緊密之處皆用之○而活銅餅進退靈動○必用此物○方無滲水入膛之患○惟其價值昂貴○存儲日久○倘冷熱度失和○尚有縮漲洩氣之病○且魚雷須勤於操習○換用最多○故德國海部○從前欲改用薄紫銅片○以節糜費○屢次試之○皆不如橡皮靈巧○至今尚無他物可替代也○

問何謂擺錠○答曰○擺錠之為用○專司魚雷起伏之權○以助其升降之力○以生鐵為之○上有兩空膛如蒙○內實以鉛○以助重力○兩膛相夾之中有橫擋○內有兩螺孔如推○以受錠桩之螺鍵○近中有孔如位○為插兩鋼釘○以定正錠桩之用○錠之前後立面○各有圓孔如讓○以置碰鐄○此孔前後相通者○以舒碰鐄伸縮之力○孔口有螺紋○旋合六角螺絲○圓孔之下有直槽如國○以御鐄墊下邊之方齒○使碰鐄只有伸縮○而無旋轉○錠底有淺槽○內容頂錠鋼鐄○

問錠桩何用○答曰○錠桩是兩正角形○以純鋼為之○下有四圓孔○均與擺錠鐄擋之孔恰合○有柱上端各有眼○上尖下圓以

北洋魚雷營總管都司黎晉賢繪纂

受鋼耳鍵。懸掛於大力圈兩耳之下。使擺鉈只向前後擺動。不向左右移也。左柱之中有孔。為套合橫定軸。以掛管舵臂之用。

問頂鉈鋼鐀。頂鉈螺鍵。兩物何用。○答曰。頂鉈鋼鐀。兩端各有孔如(有)。以受兩螺釘。鑲連於鉈底之淺漕平面上。有圓釘如(虞)。揷入淺槽中之圓孔。下有圓窩如(陶)。以受頂鉈螺鍵。其為用也。防魚雷運載別處。則擺鉈因之搖動。易致損傷。有此鋼鐀及螺鍵。將擺鉈頂起。以免碰墊及鋼耳鍵搖動受傷。

問碰鐀何用。○答曰。(唐)為碰鐀。擺鉈向前向後運動。須有節制。助其回力。故用此鐀。以一密里大鋼絲。盤成二十一週。盤圓外徑十六密里○套於碰桿之中○桿端有圓頭如(吊)○以抵碰墊之用○上有六角螺絲如(民)○旋於擺鈼立面之圓孔○後有六角螺母如(伐)○係節制碰桿出入之限○擺鈼前後擺動各三密里○而碰鑽伸縮亦為三密里○碰鑽前後各有鑽墊如(罷)○而前墊下邊有方齒如(周)○以合圓孔下邊之直槽○孔內有螺紋旋合碰桿之螺絲○能進退旋動○以較驗碰鑽縮三密里○是否恰合二百五十格拉孟之數○否則進退前鑽墊以消息之○

問雙碰墊何用○〇答曰○碰墊在擺鈼之前後各一○(發)為螺管以受螺鍵○前墊鑲於內膛底之銅座○後墊鑲合機殼子口下邊○以螺鍵定之○螺腦項下墊以、、皮圈○以阻滲水碰墊之中有

北洋魚雷營總管都司黎晉賢繪纂

直槽○鑲以硬銅塊如(商)○用兩只鍵定之○為擺鉈運動之限○如擺鉈運動不合三密里則加減其銅塊以較準之○

問推拉鑽何用○◯答曰推拉鑽兩根○套於銅管之外如(湯)○前後各一○銅管後口有螺絲○以受小螺蓋如(坐)○管之上下有直通槽如(朝)○為推針進退之路○另有細螺釘兩箇如(問)○旋於管之兩旁襯○以兩小銅圈如(道)○以隔前後兩鑽之界限○銅管前端有螺絲○旋連推拉桿如(垂)○桿頭接連合肘如(拱)○肘前有螺釘○旋於活銅餅左邊螺管之內○銅管後端○內插細銅軸如(平)○軸尾有鼻如(章)○連於管舵臂軸○前有孔○以插推針如(愛)○此針即進退於銅管之通槽○以推拉兩鑽○其為用也○因未射雷之時○

以定舵鈎管住升降盤。使升降桿及拉舵各件。定而不動。若無推拉鑽。則擺鋌前後擺動。勢必至於壓壞拉舵各件。且射雷出砲之時。推力甚大。擺鋌必至震動。易於碰傷。有推拉鑽伸縮之制。則擺鋌之行動。自有準則。且免帶累拉舵各件。

問管舵臂何用。答曰。管舵臂掛於鋌樁左邊之横定軸。上下各有孔。上孔離中孔二十九密里。接連拉舵鈎。下孔離中孔十四密里半。接連推拉鑽。凡活銅餅及擺鋌之行向。均藉此臂以達拉舵機。而後運動升降舵。如下端擺動一密里。則上端擺動為二密里也。

問拉舵鈎何用。答曰。拉舵鈎前有圓孔如青。接連管舵臂上

北洋魚雷營總管都司黎晉賢繪纂

孔。後端有鉤。以鉤曲肱箱之拐。中有一孔如(黎)。以受銅絲吊鉤。

問銅絲吊鉤何用。◯答曰。吊鉤以銅絲為之。上有圓腦如(首)。盛於銅盂之內。銅盂繫連吊鉤螺鍵如(㠯)。此鍵即旋入銅殼上之螺盂。使上下卸合時。外旋螺鍵。而鉤不旋動。惟螺鍵項下。所墊之皮圈。必須合宜。不可使有太過不及之偏。倘皮墊厚。則拉舵鉤口不及鉤合曲拐。若皮墊薄。則吊鉤螺鍵深入。壓緊拉舵鉤不能活動。此二者均能致舵不靈也。

問曲肱箱何用。◯答曰。曲肱箱下有螺嘴如(伏)。旋於後立蓋之螺管。內盛曲肱。外連曲拐。箱之左右有圓肩如(戎)。其右肩有

孔通於外○為承拐軸之用○其曲肱與曲拐○均緊套於拐軸之
上○動止一律○上有螺口○以受螺蓋如羌○為卸合曲肱之用○箱
之前後各有螺眼○以受螺釘如遐○為卸合銅銷之用○丁項之
下○螺蓋之邊○各墊以皮圈○以阻水不滲入○

問曲肱曲拐何用○

答曰○曲肱上下兩截○下圓上扁○如腕如臂○
進退運動○合如人肘如通○腕之端為螺管如壹○以接連拉舵
銅桿臂○上節有孔如體○套於拐軸之上○另有小橫孔○以銅銷
穿定之○其拐軸即曲箱右肩孔通於外○以連曲拐○惟拐軸與
軸孔○必須磨合緊密○以不洩水為要○曲拐上端亦有孔○緊套
於拐軸之上○亦以銅銷定之○使與曲肱相連運動○曲拐下端

北洋魚雷營總管都司黎晉賢繪纂

有蒂軸如(率)為挂拉舵鈎之用○

問後立蓋與雷頭之後立蓋○形體用法同否○◯答曰○此節後立蓋○與雷頭後立蓋形相同○兩圓徑凸凹尺寸不同○鑲合同兩所連之物不同○造以銅片合模壓成○邊平兩中向內凸外凹○週有二十八圓孔○以套合子口之螺釘○三角相距有三螺眼如(賣)○為旋入螺提○以起蓋之用○蓋之左邊○鑲焊一螺管如(歸)○為旋合曲肱箱之螺嘴○螺管之內有平邊○墊壓牛皮圈○以阻滲水○比皆所以不同也○

問子圈橡皮圈紙圈○與操雷頭所用者同否○◯答曰○形式同○用法同○尺寸不同○蓋魚雷全體○兩端削兩中徑○大雷頭後口在

第一節坡削之處○而深淺機後口○已在第二節大徑之前矣○

問此深淺機為全雷之第二節○其內外長徑體重若何○答曰○脊上中線長五百九十四密里○合英尺一尺十一寸三分合工部尺一尺八寸七分○前口外徑三百零一密里○合英尺十一寸七分○合工部尺九寸半○後口外徑三百五十四密里半○合英尺一尺一寸七分半○合工部尺一尺一寸一分半○全體重四十啟羅三百格拉孟合英國八十八磅八兩○合中國秤六十六觔八兩○此光緒十年之式也○其老式者○脊上中線長三百五密里半○前口外徑三百三十六密里半○後口外徑三百五十五密里○全體重二十九啟羅四百二十格拉孟○此光緒七年所購之老式也○

北洋魚雷總管都司蔡晉賢校繪纂

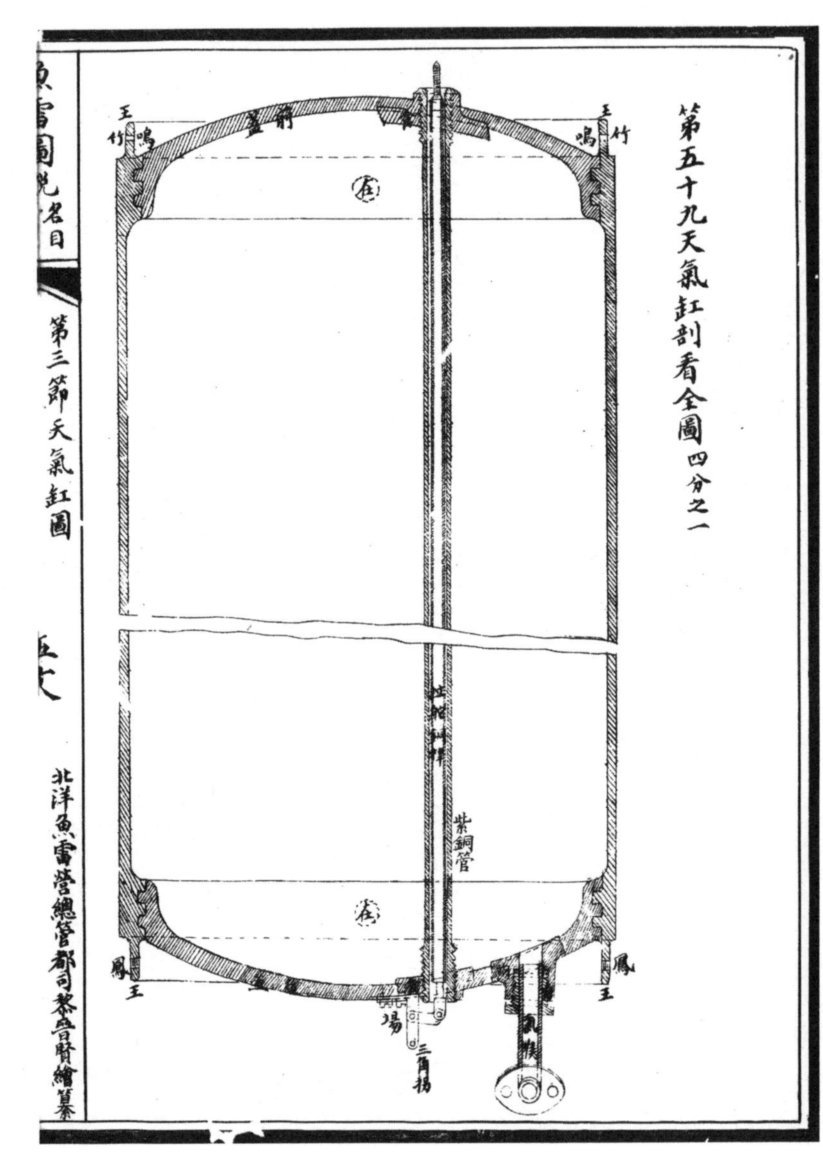
第五十九天氣缸剖看全圖 四分之一
魚雷圖說名目
第三節天氣缸圖
北洋魚雷營總管都司黎晉賢繪篹
前蓋
王
竹
鳴
在
拉舵銅桿
紫銅管
鳳
三角揚
氣喉

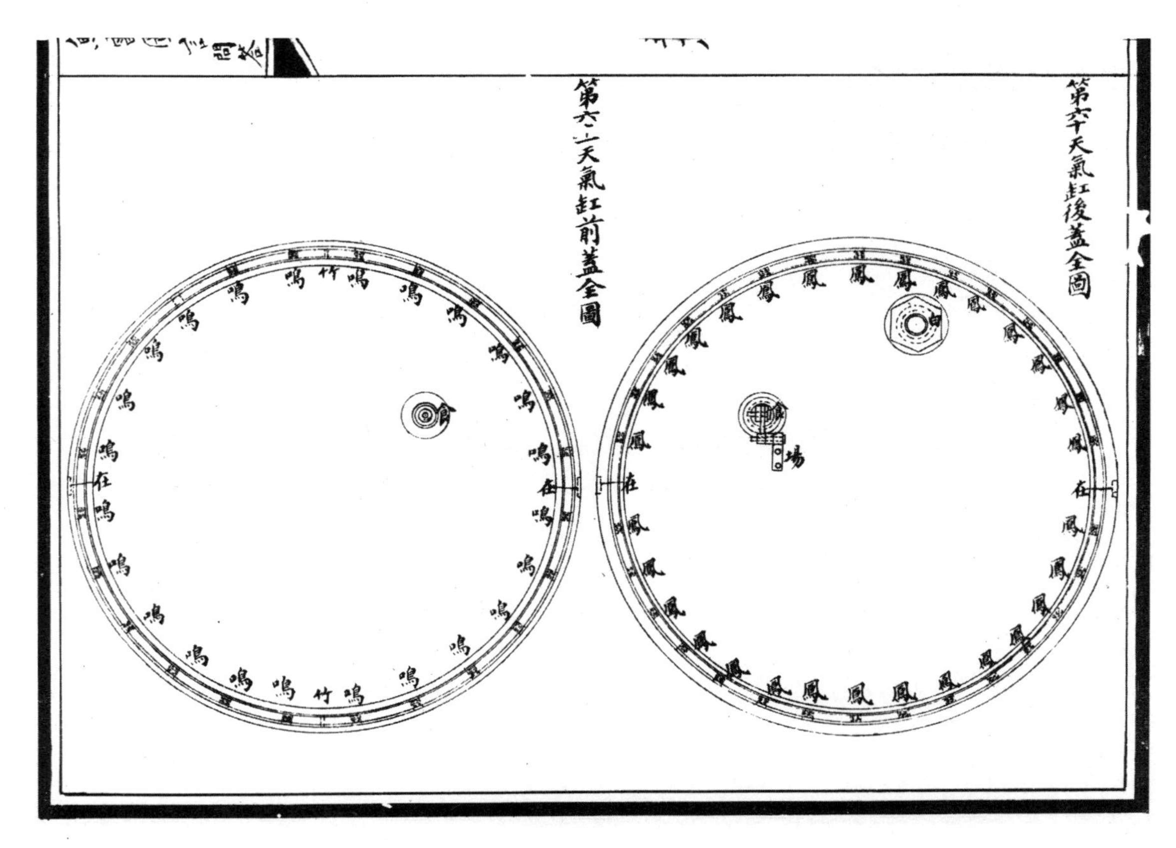

第六十天氣缸後蓋全圖

第六十一天氣缸前蓋全圖

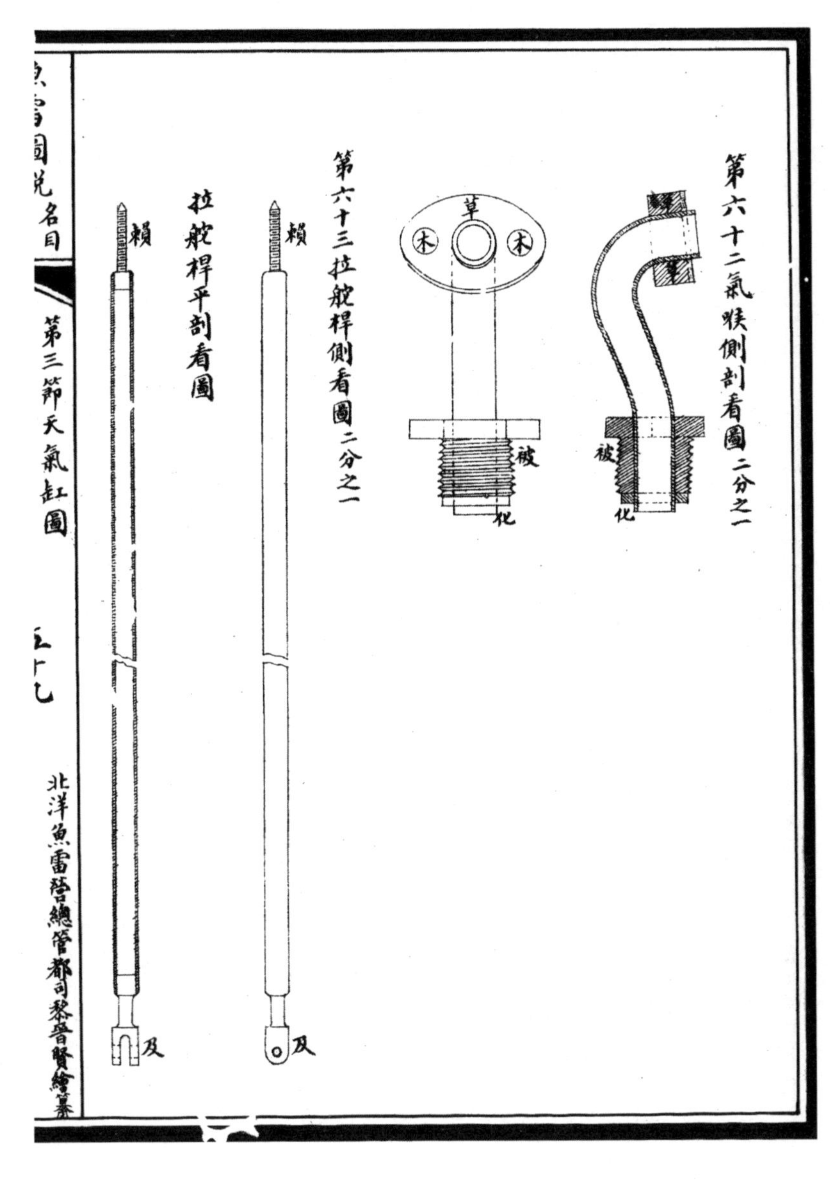
魚雷圖說名目
第三節天氣缸圖
五十七
北洋魚雷營總管都司黎晉賢繪纂
第六十二氣喉側剖看圖二分之一
被
化
草
木
木
被
化
第六十三拉舵桿側看圖二分之一
頼
及
拉舵桿平剖看圖
頼
及

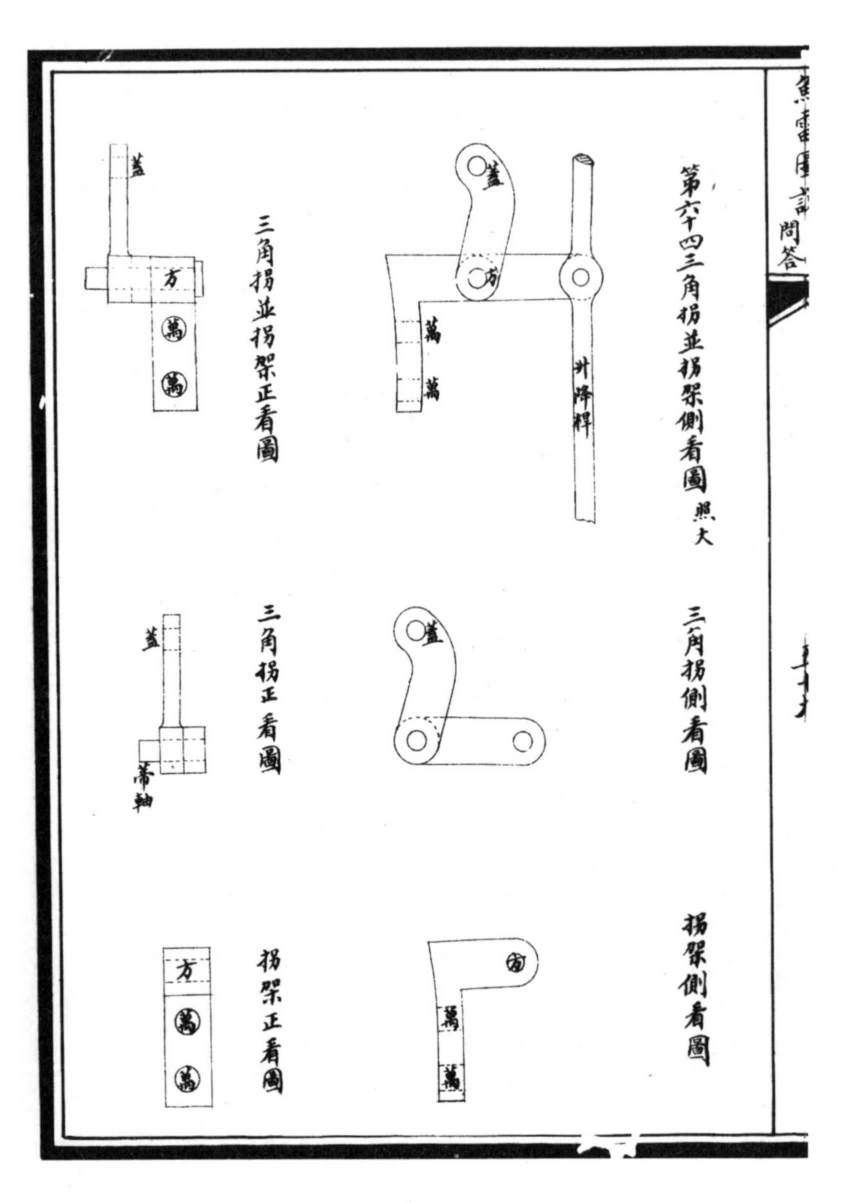
魚雷圖說
問答
第六十四三角拐並拐架側看圖 照大
蓋
方
萬
萬
升降桿
三角拐並拐架正看圖
蓋
方
萬
萬
三角拐側看圖
蓋
三角拐正看圖
蓋
帶軸
拐架側看圖
方
萬
萬
拐架正看圖
方
萬
萬

第三節天氣缸説

輪船機器。自能運行者。用水火之湯汽。乃熱汽也。魚雷之自行水中者。用空中之天氣。乃冷氣也。湯汽以火煮水而成。故源源而來。其汽缸之體。範鐵爲之。即鍋爐也。以輪船能載重耳。天氣收蓄而來。全入氣缸。爲雷之第三節。蓄至九十倍天氣。每至用時。以機節洩。使其行輪運舵。理甚奥妙。凡氣缸内蓄氣愈多。則雷行愈速。而愈遠。故天氣缸以能受大漲力爲要。泰西各國多用鋼質。而用久生銹。惟德國刷次考甫化煉鏻銅。經久不銹。且能受一百五十倍天氣之漲力。而不損裂。各國製造家思欲效之。而未得其配合鎔煉之妙。魚雷鏻銅。全體種類甚多。德奥諸

北洋魚雷營總管都司黎晉賢繪纂

國鎔鑄銅者數十家惟此一節之鑄銅受力最大刷次考甫獨擅其長幾與克鹿卜礮鋼之法並重矣故其所造魚雷凡一切機件向所用鋼者皆改用銅質永無銹蝕之患氣缸以上等鑄銅為之先製成一圓筩身厚六密里六兩端各厚十五密里口內鏇成方螺紋以旋緊前後兩蓋之用蓋之週邊亦鏇成方螺紋惟筩口內週螺紋坡向內兩蓋邊之螺紋坡向外使其接合牢固復焊以錫以免誤脫及洩氣之虞後蓋偏右形如靈芝者為氣喉入氣洩氣之處也為天氣出入必由之路此外前後兩蓋左邊有一螺嘴為旋焊紫銅管以通拉舵銅桿此節借路於此節以達後節之機非本體應用之具也拉舵桿旋

接曲肱之螺管。後端接連三角拐。而桿之中腰。略彎向上。使其運至第九節之升降舵。求其靈動也。重學之理。凡物皆因地攝力而下墜。惟其有空氣阻力。故下墜之率。則視物之輕重而為時之緩速焉。拉舵桿細而長。兩端有物以定之。則桿之中腰勢必彎墜向下。貼於紫銅管。必生滯力。則運舵各機。恐伸縮之不靈。故其中腰略向上彎。則可免此弊矣。今繪六圖問答五條以授學者。

北洋魚雷營總管都司黎晉賢繪纂

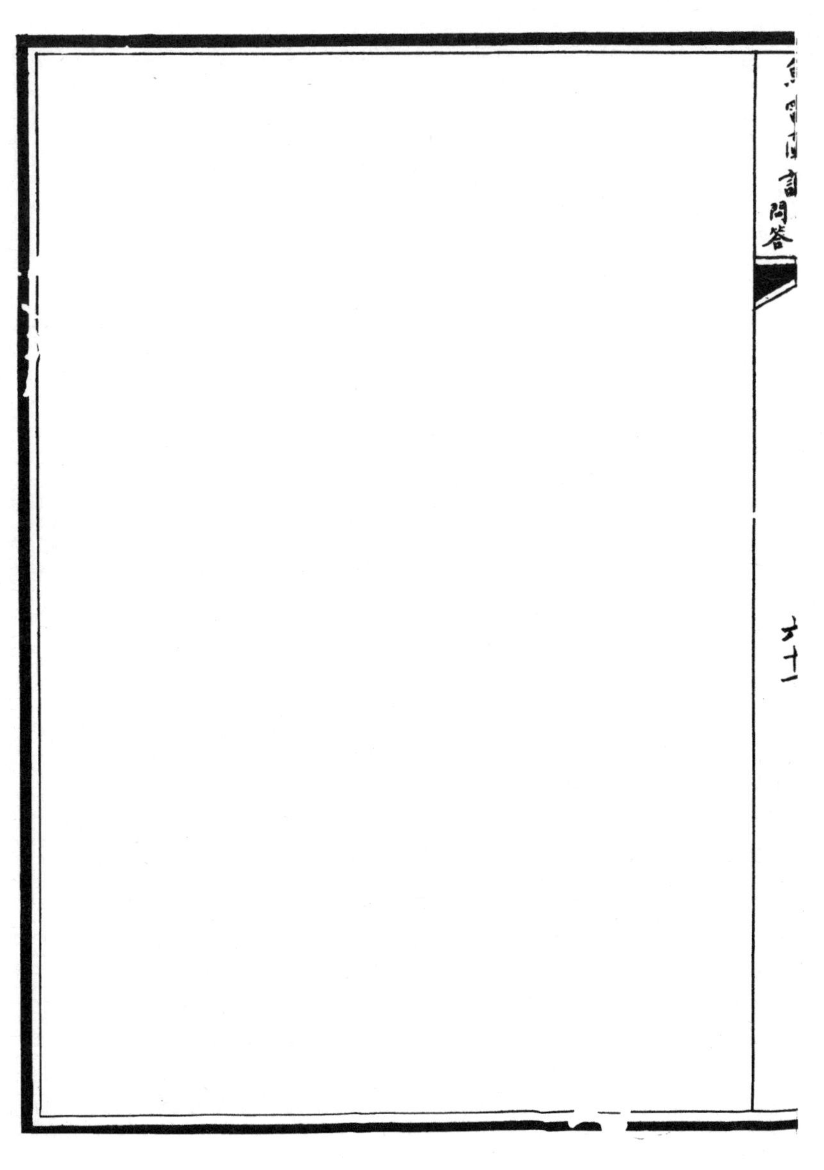
問答
六十一

第三節天氣缸問答

問天氣缸何用其中有多少機器○◯答曰○天氣缸○為收蓄空中氣○運輪管舵以行駛全雷也○其機器甚少○本體之器僅只氣喉一端○此外拉舵桿及紫銅管○三角拐並拐架皆從前節達後節借路之具○與天氣缸不相涉○此缸之內空積共一百二十箇立方代西密達○能受一百五十倍天氣之漲力○而不損裂○方為有用○其平常操雷與臨敵用雷所蓄之氣○只裝九十倍至一百倍為度○而不准再多○氣缸前後各有陽笋如(王)○前笋週有二十四螺眼如(鳴)○為受接連深淺機之螺釘○後笋週有三十螺眼如(鳥)○為接合機器○兩端之左右各有實眼

如（在）。以受螺絲夾板。為合卸之用。前端陽筍上下。各有一小眼如（竹）以通水氣。後蓋右邊另有螺嘴如（白）。為接合氣喉。天氣出入必由之口也。中有子口如（駒）。墊壓牛皮圈。以防洩氣。此外兩蓋左邊有螺嘴如（食）。以旋接紫銅管。為通拉舵桿之用。管之兩端均有螺絲。接合之後。用錫焊固。螺嘴之下有兩螺。眼為受螺鍵。以鑲合拐架。如（場）。皆前節通後節借路之物。不與本體用法相干。必須借此以達後節耳。

問何謂氣喉。○答曰。收蓄天氣入缸。由此而入。節宣天氣以行魚雷之輪。亦由此而出。如人之咽喉。呼吸賴之。故謂之氣喉。以紅銅管彎成靈芝形。前有圓肩如（化）。以套入氣缸後之圓螺嘴○被為螺絲○旋合螺嘴之螺紋○以緊氣喉之用○喉之後端彎向左○有橢圓式之接頭如草○平面上有週紋墊壓牛皮圈○以免洩氣○上有兩孔如木○為受兩螺鍵接合總氣管之右管○接氣以達第四節之機器艙○分向各機○以運動輪舵者也○

問拉舵桿何用○ ○答曰○拉舵桿○以拉成空心銅管為之○並無焊口○前端鑲焊螺釘如賴○以旋接曲肱之螺管○後端鑲焊一銅鼻如及○為套接三角拐上端之圓眼○以傳活銅餅及擺鉈行動之力○以運動升降舵其用空心管者○取其輕靈以助浮力○桿之中腰○向上稍彎○便於進退耳○

問三角拐並拐架何用○ ○答曰拐架中有兩孔如萬○為受兩螺

北洋魚雷營總管都司黎晉賢繪纂

鍵。鑲於後蓋螺嘴下兩螺眼。上端有孔如方。為受小鋼軸以鑲三角拐之用。三角拐上端有圓孔如蓋。為接連拉舵桿後端銅鼻。下端之帶軸。為接連小降桿之用。

問天氣缸尺寸體重若干。及裝滿九十倍氣共重若干。

答曰。氣缸長一千三百二十密里。合英尺四尺三寸七分半。合工部尺四尺一寸五分半。中徑最大處三百五十五密里半。合英尺一尺二寸。合工部尺一尺一寸二分。前口外徑三百五十四密里半。合英尺一尺一寸七分半。合工部尺一尺一寸一分半。後口外徑三百四十七密里二。合英尺一尺一寸五分半。合工部尺一尺零九分半。氣缸未裝氣之時。體重一百

第六十五機器艙側剖看全圖

三分之一

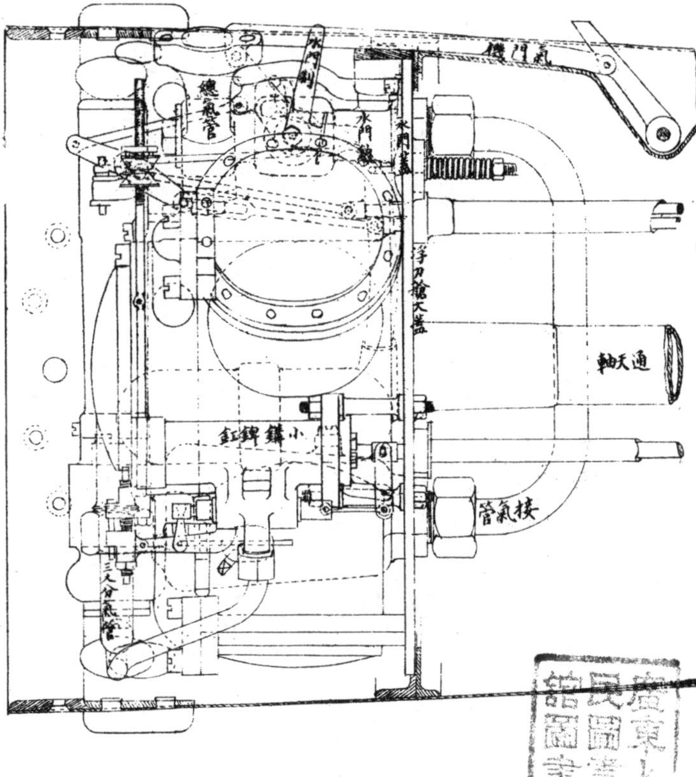

氣門機

水門制

總氣管

水門艙

水門艙蓋

浮力艙大蓋

通天軸

小鑄鉀釘

接氣管

三叉分氣管

北洋魚雷營總管都司黎晉賢繪纂

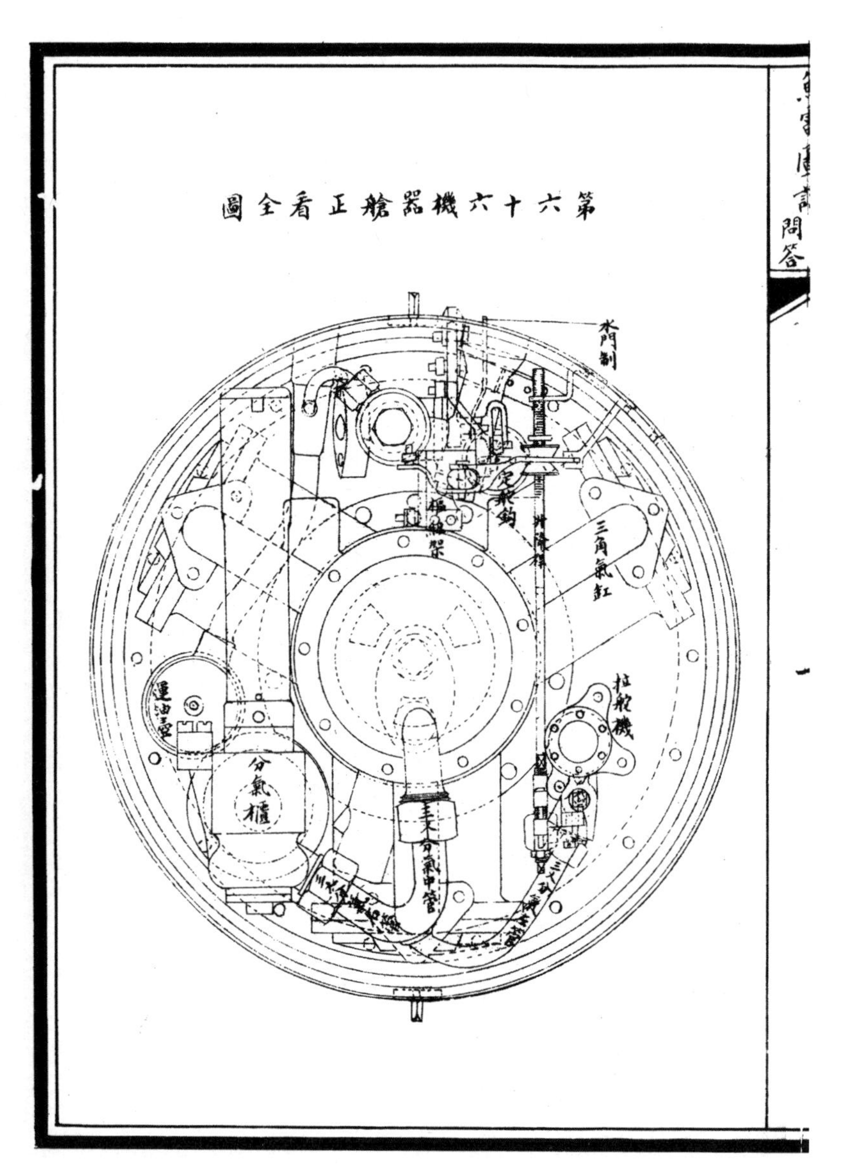

第六十六機器艙正看全圖

第六十七總氣管側剖看全圖

二分之一

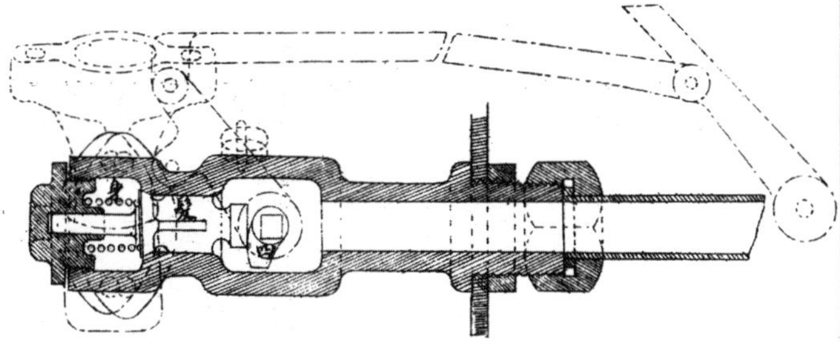

總氣管平剖看全圖

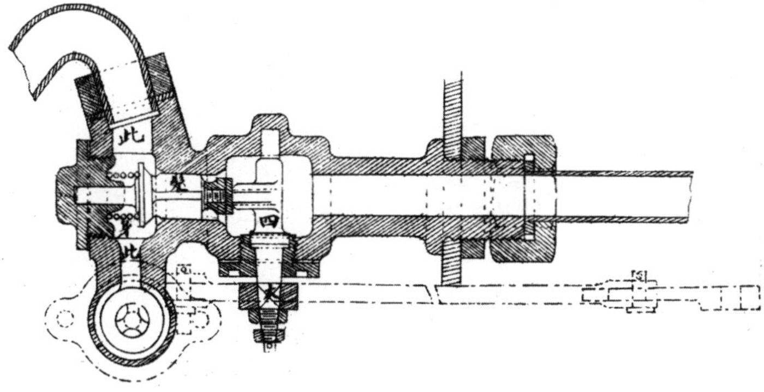

北洋魚雷營總管都司黎晉賢繪纂

總氣管正剖看全圖

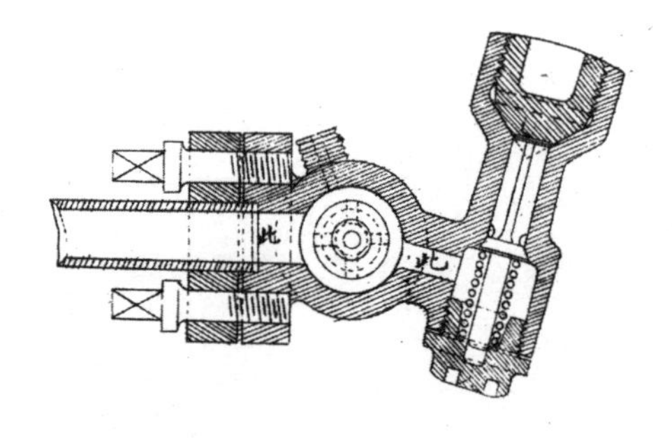

第六十八總氣管側看外形全圖

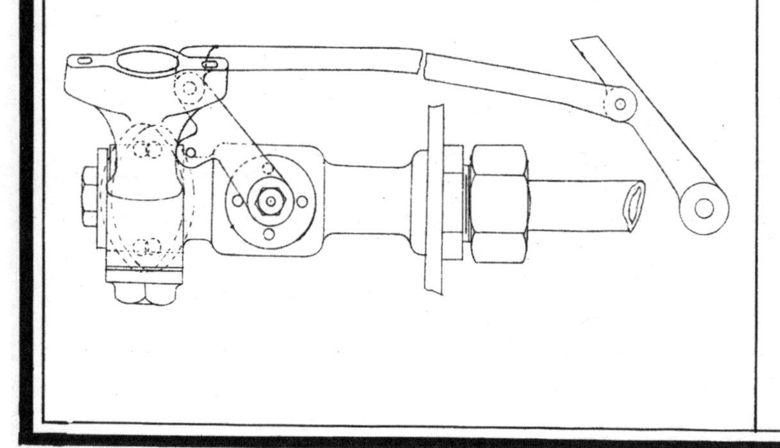

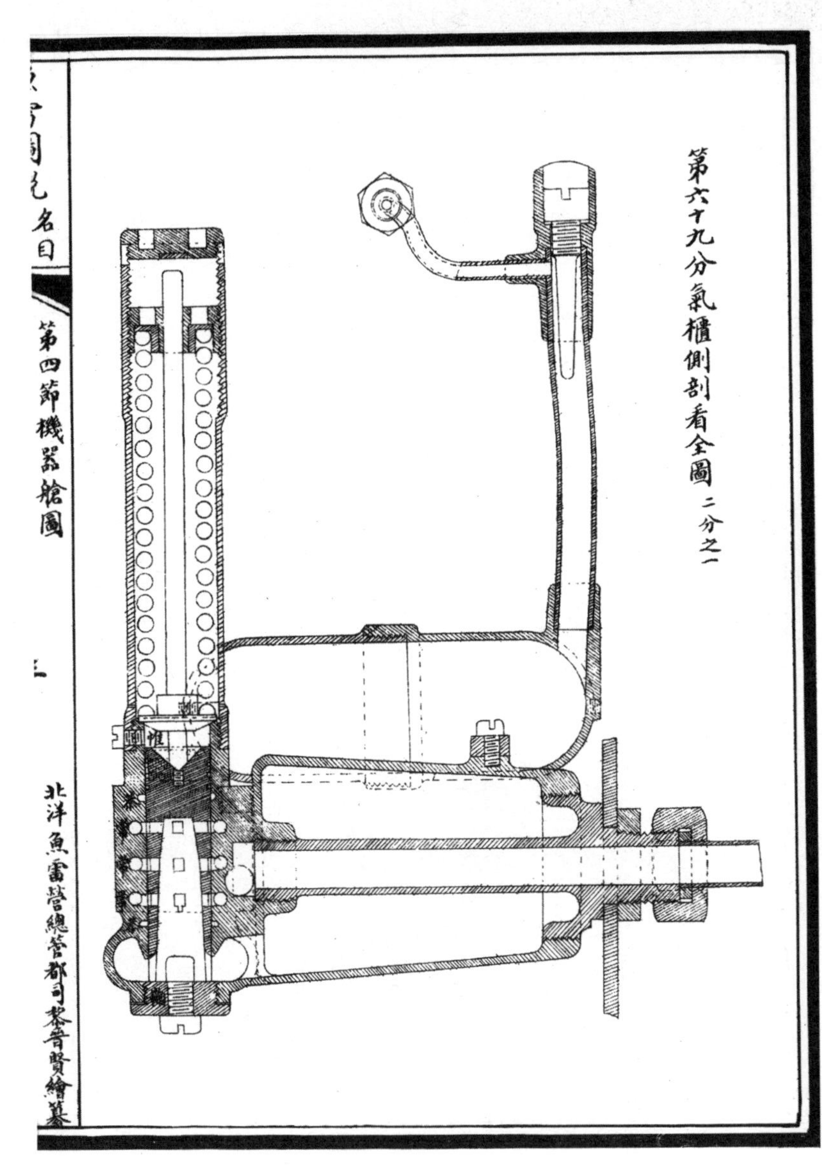

第六十九分氣櫃側剖看全圖 二分之一

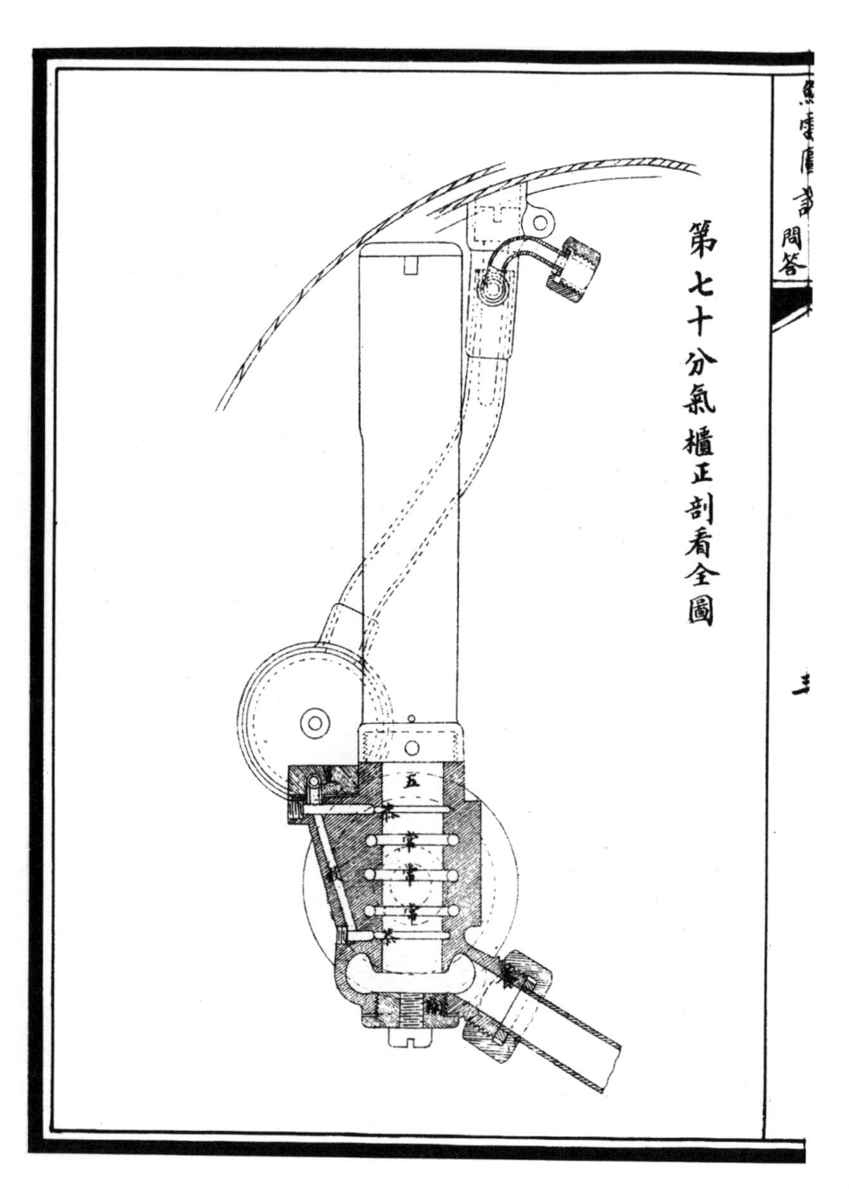

第七十分氣櫃正剖看全圖

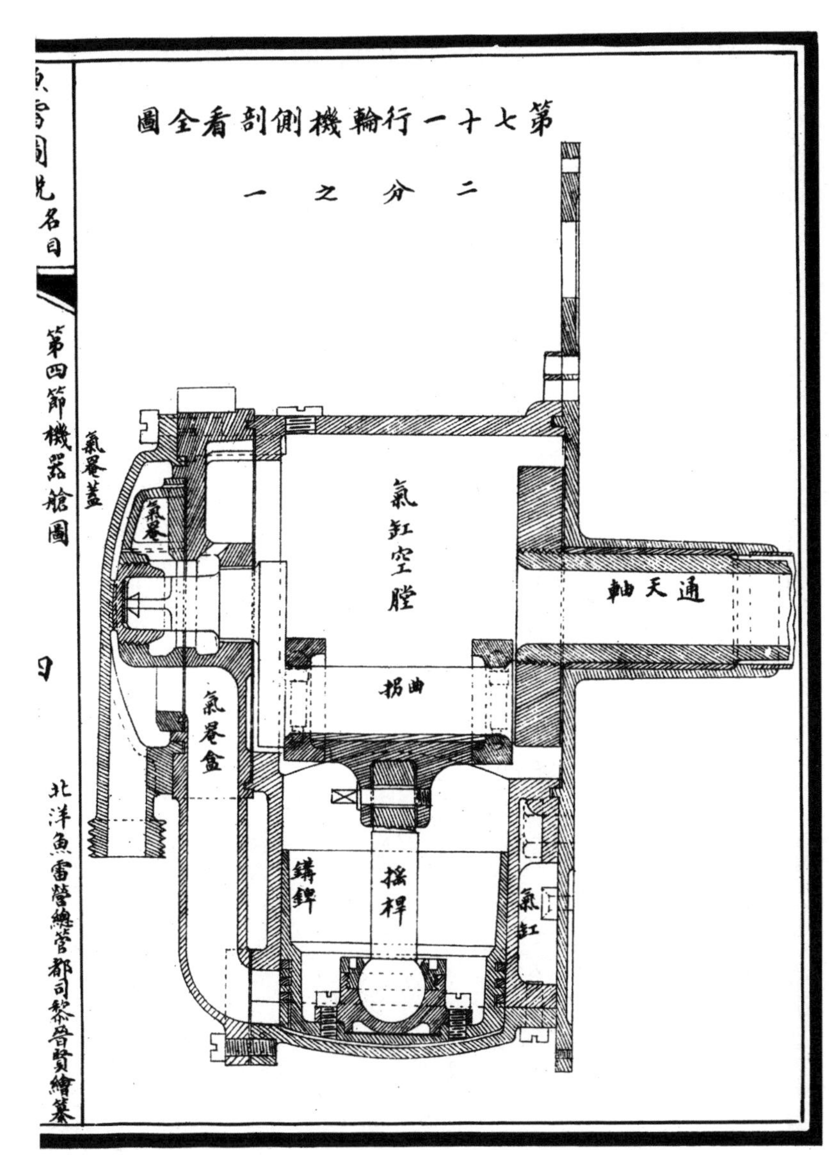
魚雷圖說名目
第四節機器艙圖
第七十一行輪機側剖看全圖
二分之一
氣卷蓋
氣卷
氣缸空膛
通天軸
曲拐
氣卷盒
搖桿
氣缸
北洋魚雷營總管都司黎晉賢繪纂

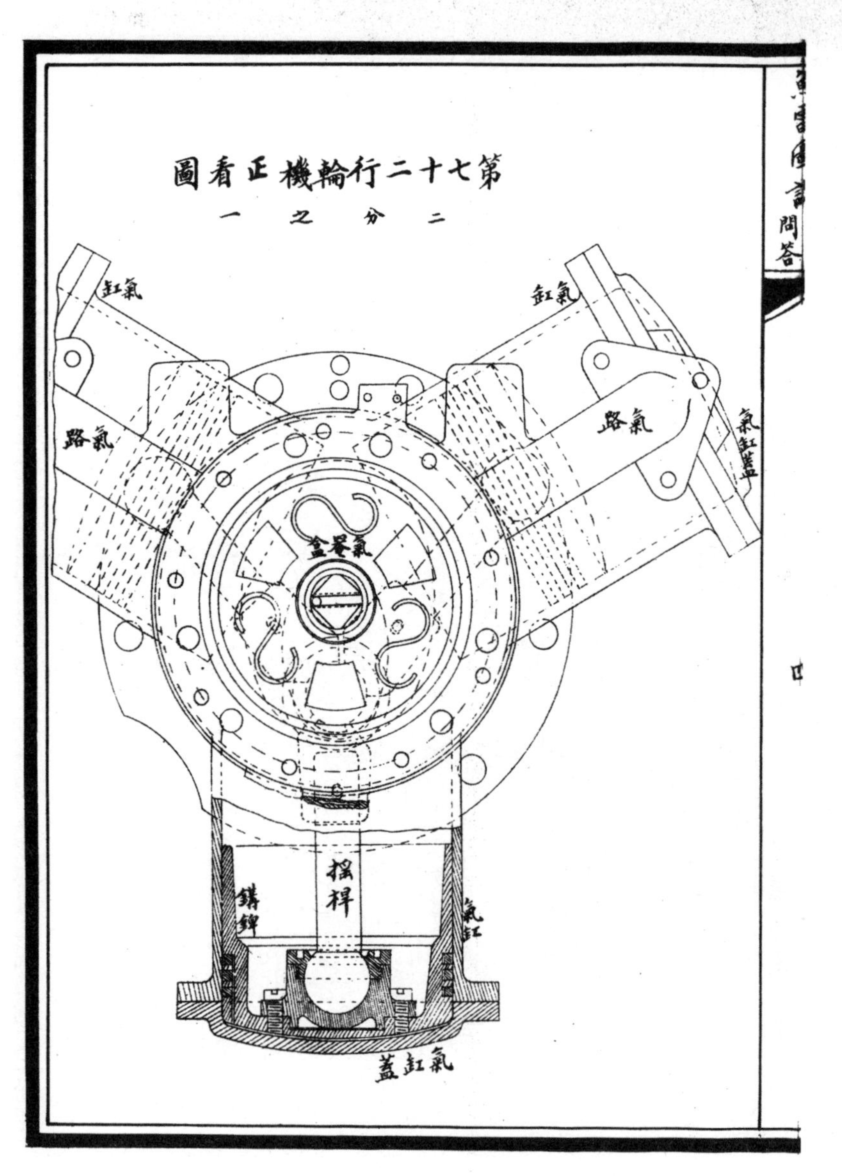
第七十二行輪機正看圖
二分之一
氣缸
氣缸
氣路
氣路
氣缸蓋
氣卷盒
搖桿
鑄錍
氣缸
氣缸蓋

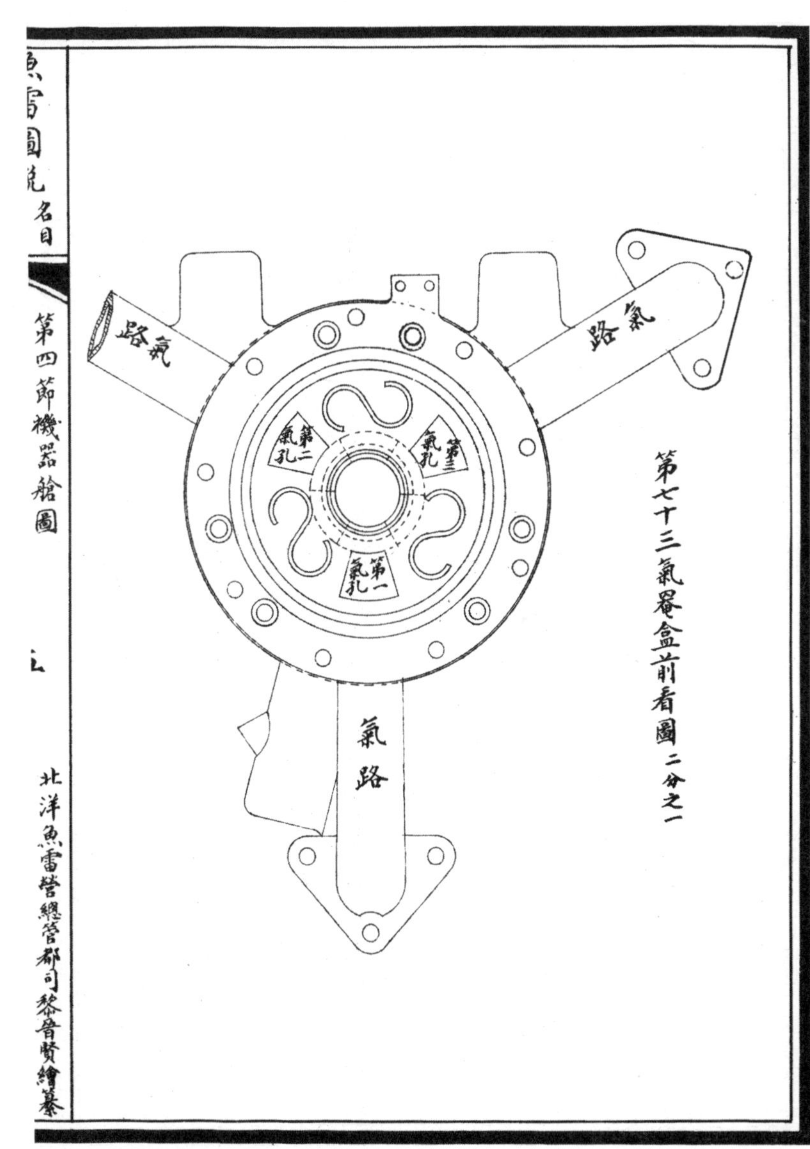

第七十三氣罨盒前看圖二分之一

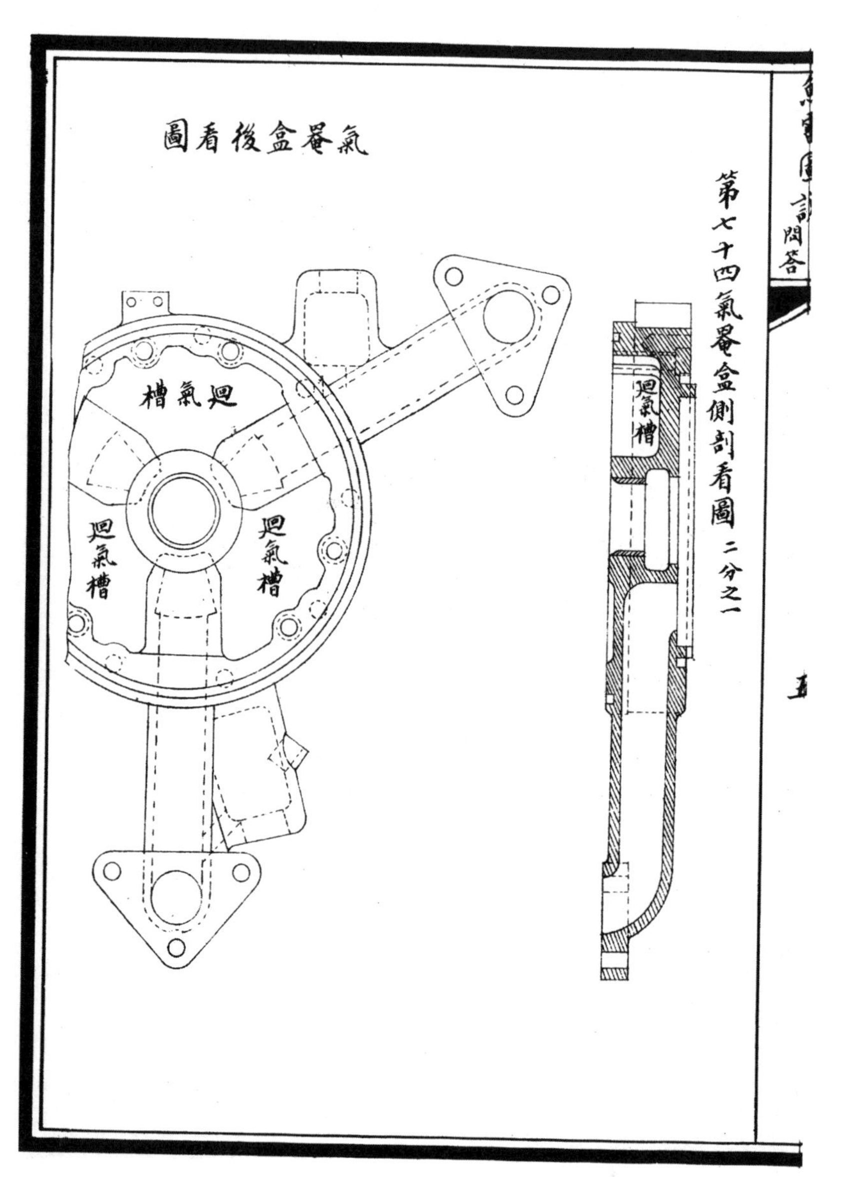
第七十四氣罨盒側剖看圖 二分之一
氣罨盒後看圖
廻氣槽
廻氣槽
廻氣槽
廻氣槽

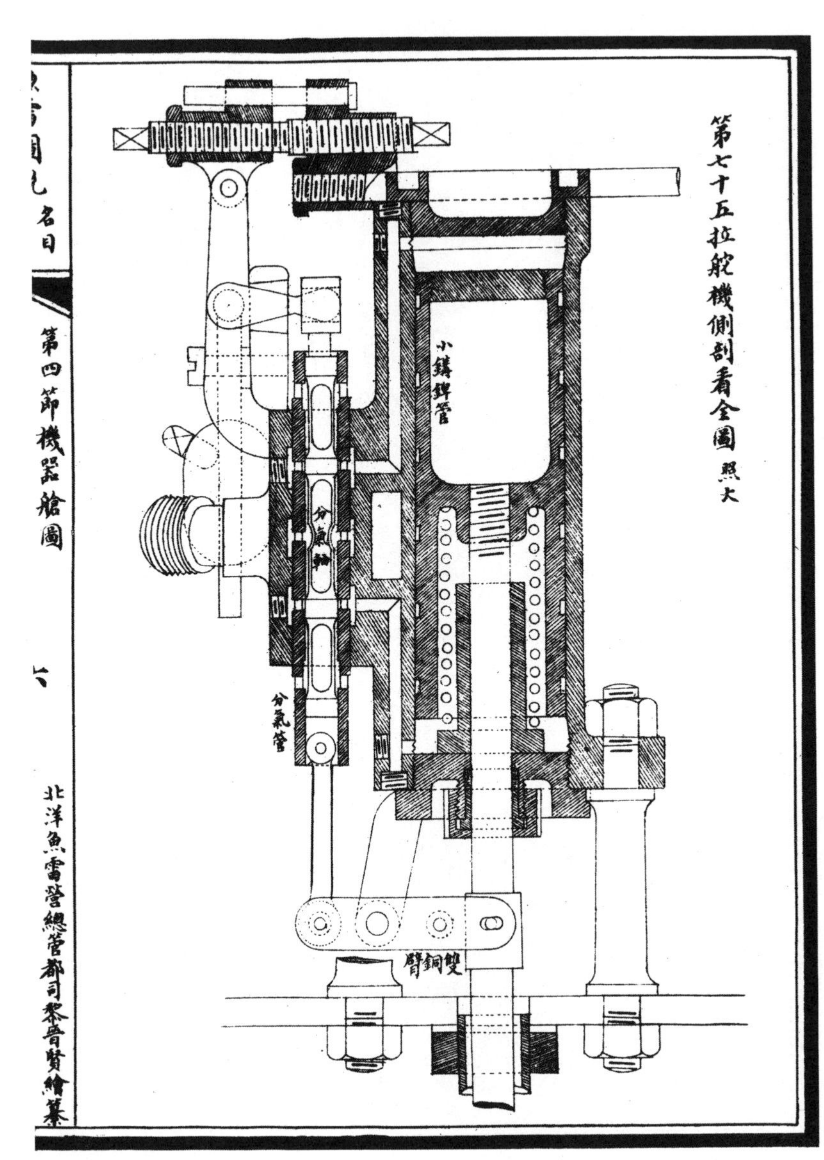
第七十五拉舵機側剖看全圖 照大
小鑄鉮管
分氣軸
分氣管
雙銅臂
第四節機器艙圖
北洋魚雷營總管都司黎晉賢繪纂

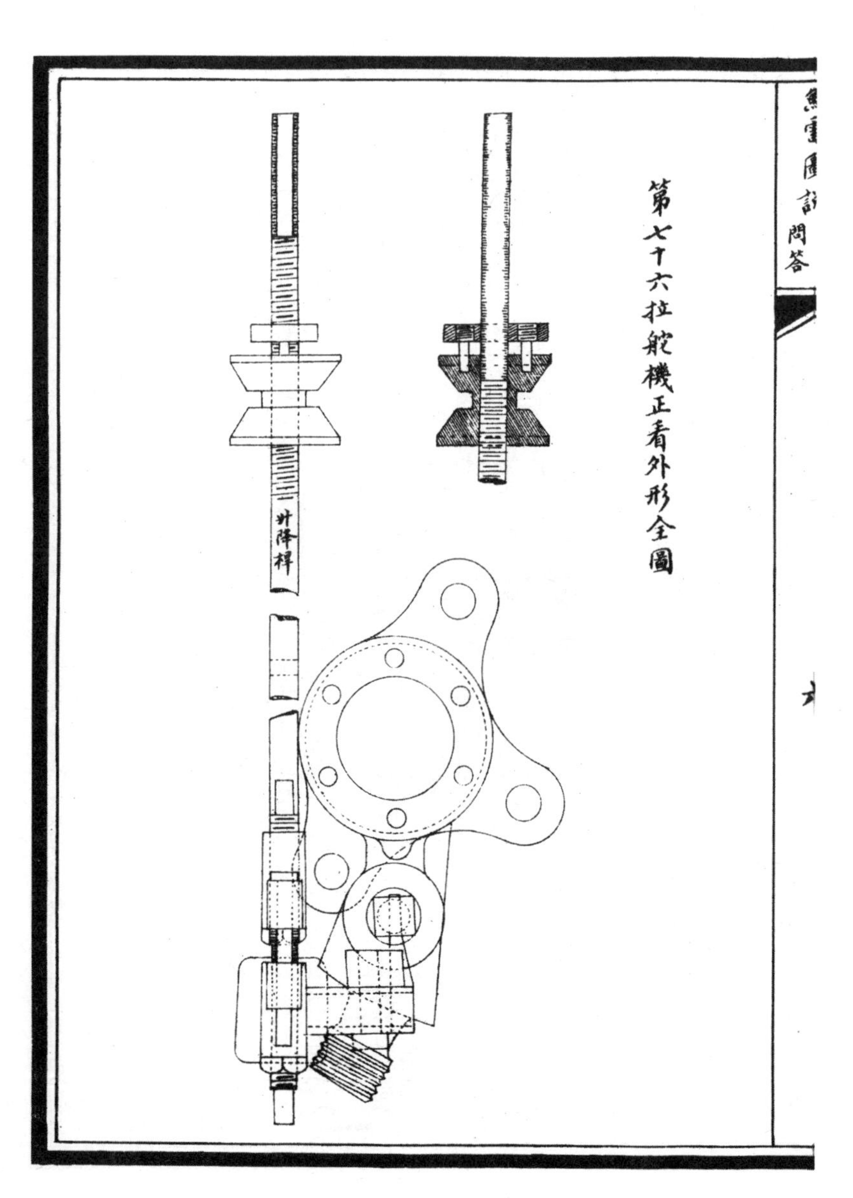

第七十六拉舵機正看外形全圖

第七十七蓄氣管並通氣管側看外形圖

二分之一

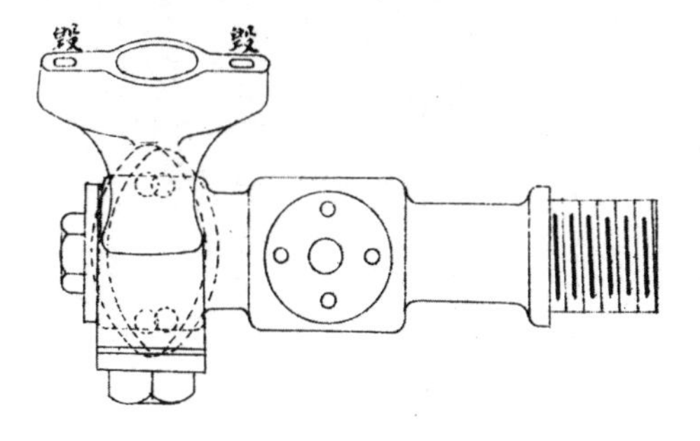

蓄氣管並通氣管平看外形圖

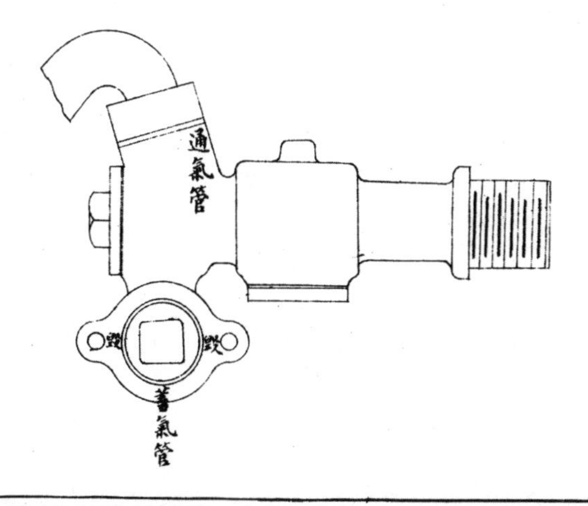

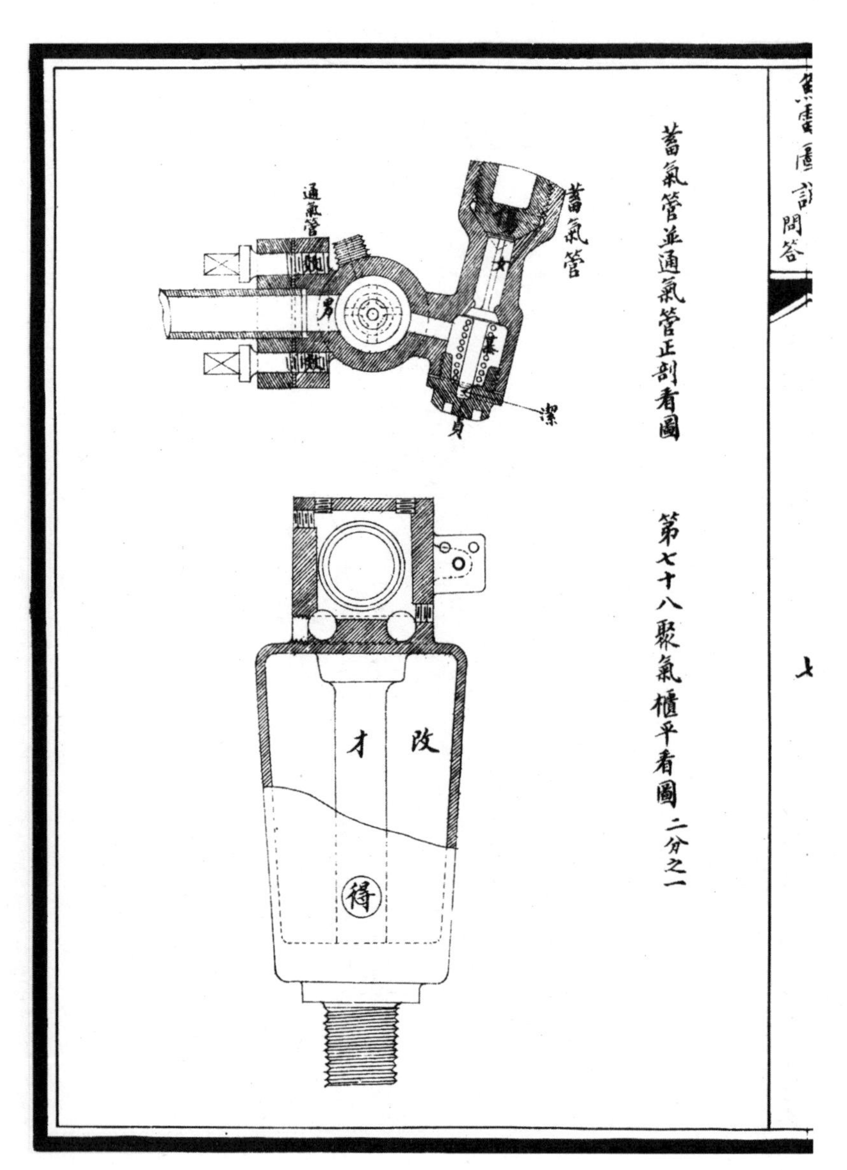
魚雷圖說問答
蓄氣管並通氣管正剖看圖
蓄氣管
通氣管
潔
第七十八聚氣櫃平看圖 二分之一
改
才
得
七

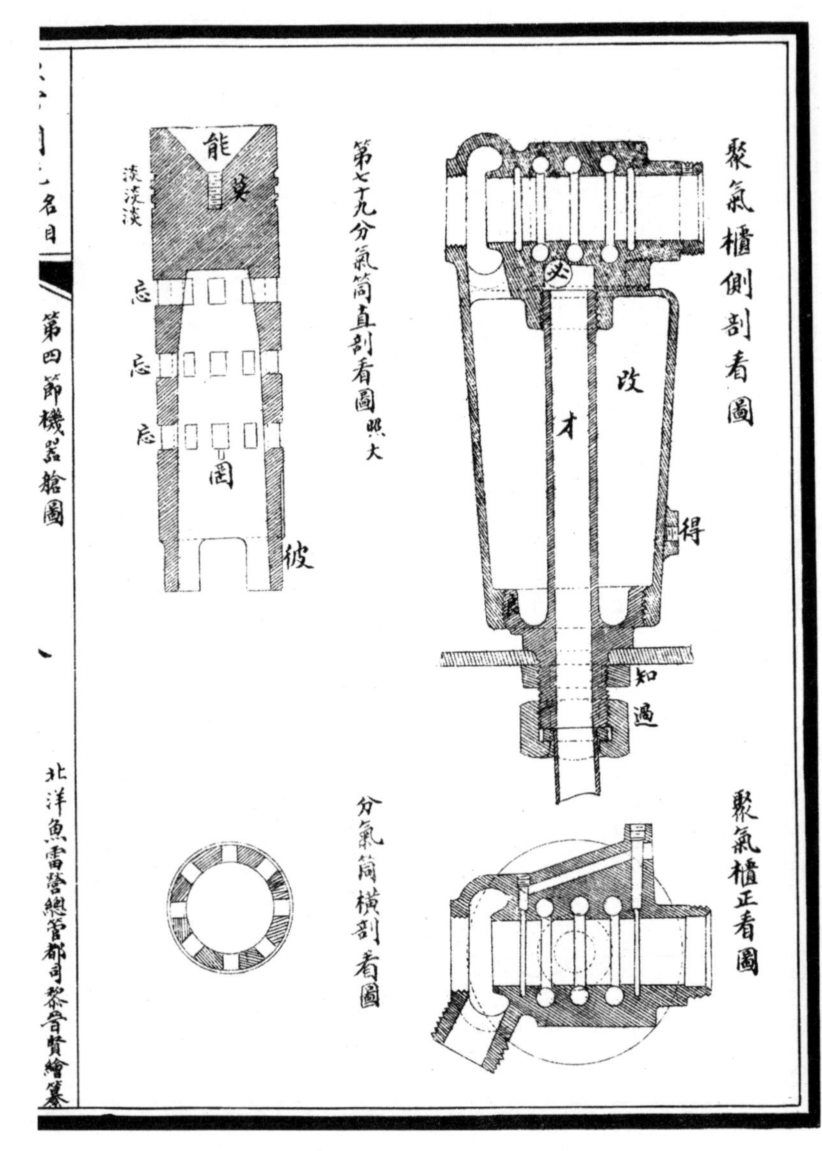
聚氣櫃側剖看圖
第七十九分氣筒直剖看圖照大
分氣筒橫剖看圖
聚氣櫃正看圖
第四節機器艙圖
北洋魚雷營總管都司黎晉賢繪纂
能
莫
淡淡淡
忘
忘
忘
罔
彼
必
改
才
得
知
過

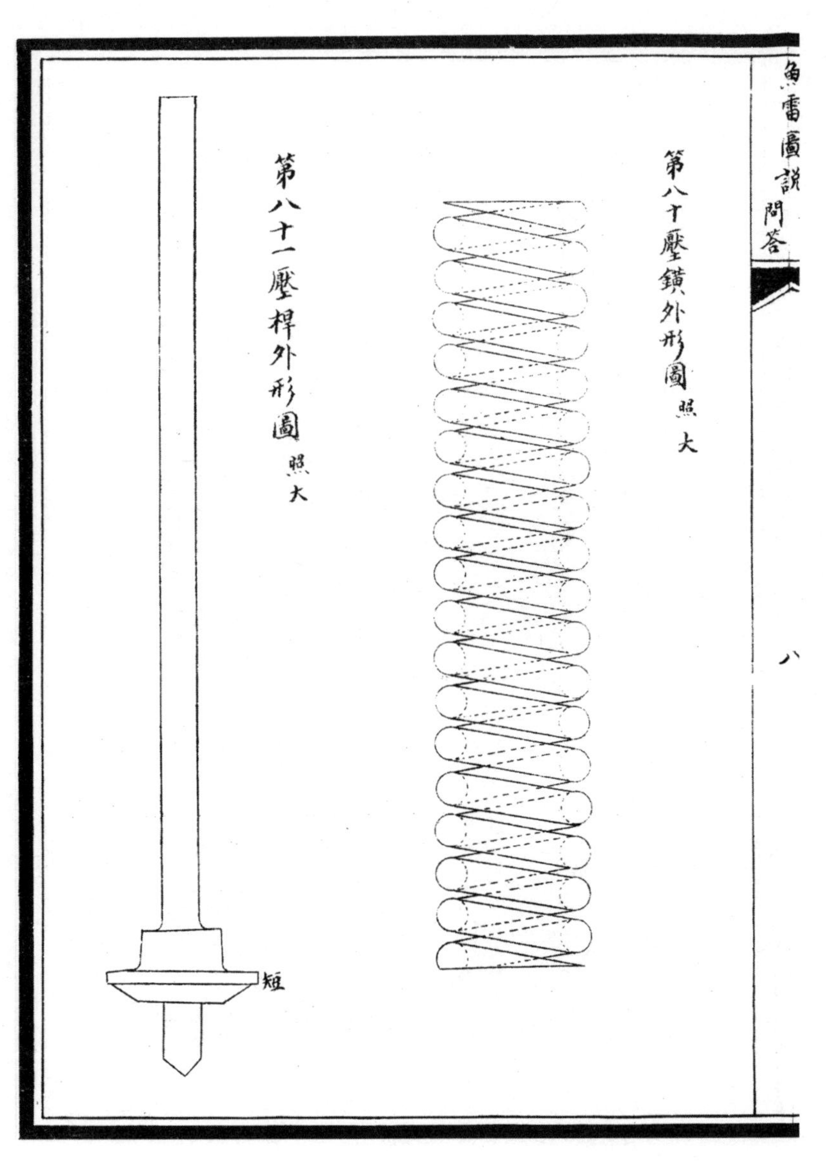

第八十壓鐄外形圖　照大

第八十一壓桿外形圖　照大

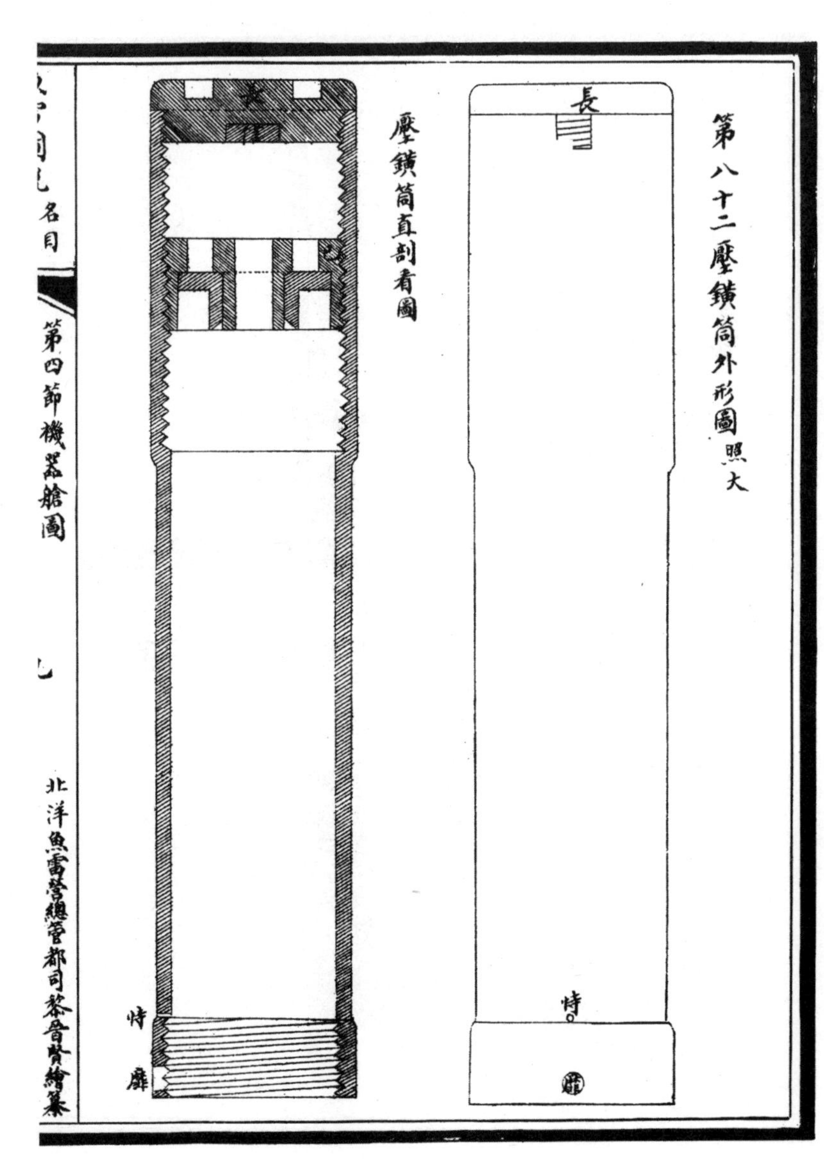
第八十二壓鑛筒外形圖照大
壓鑛筒直剖看圖
長
特
靡
第四節機器艙圖
北洋魚雷營總管都司蔡晉貲繪纂

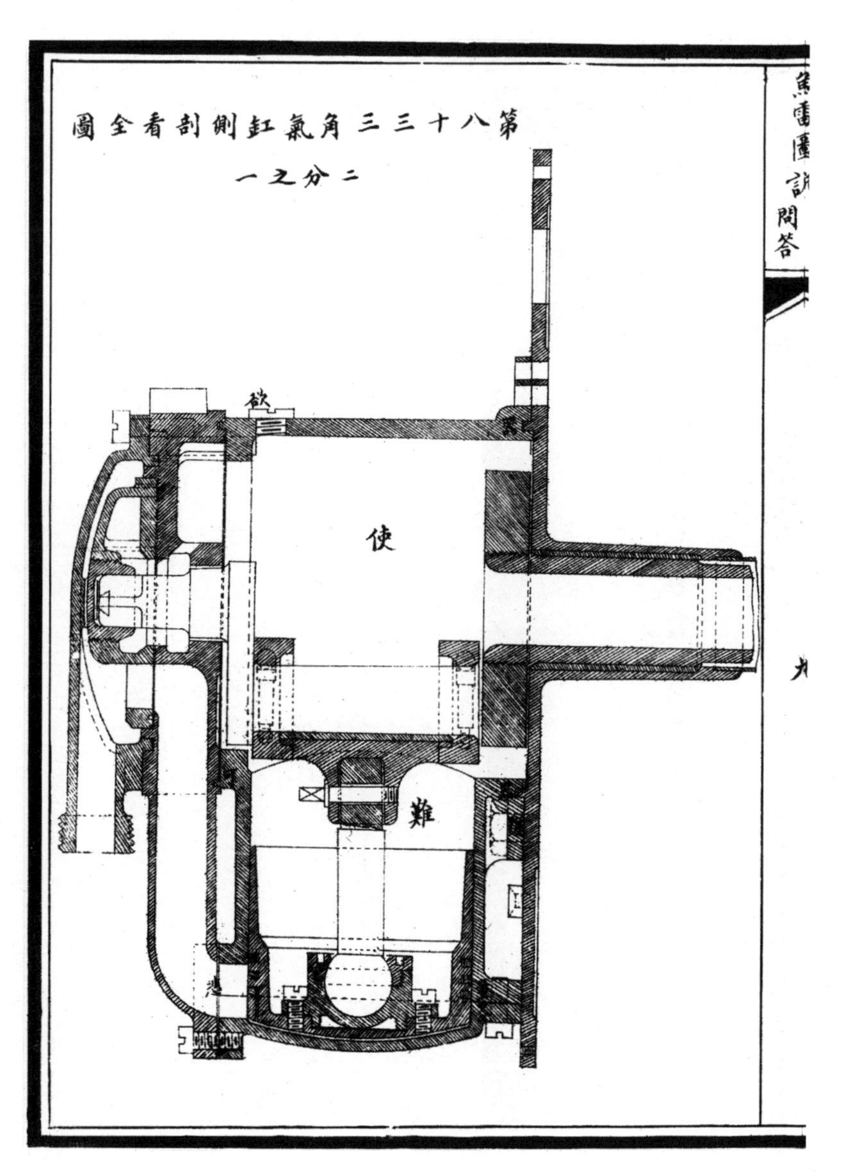
第八十三三角氣缸側剖看全圖
二分之一
欲
使
難
進

魚雷圖說名目

第四節機器艙圖

第八十四三角氣缸正剖看全圖

二分之一

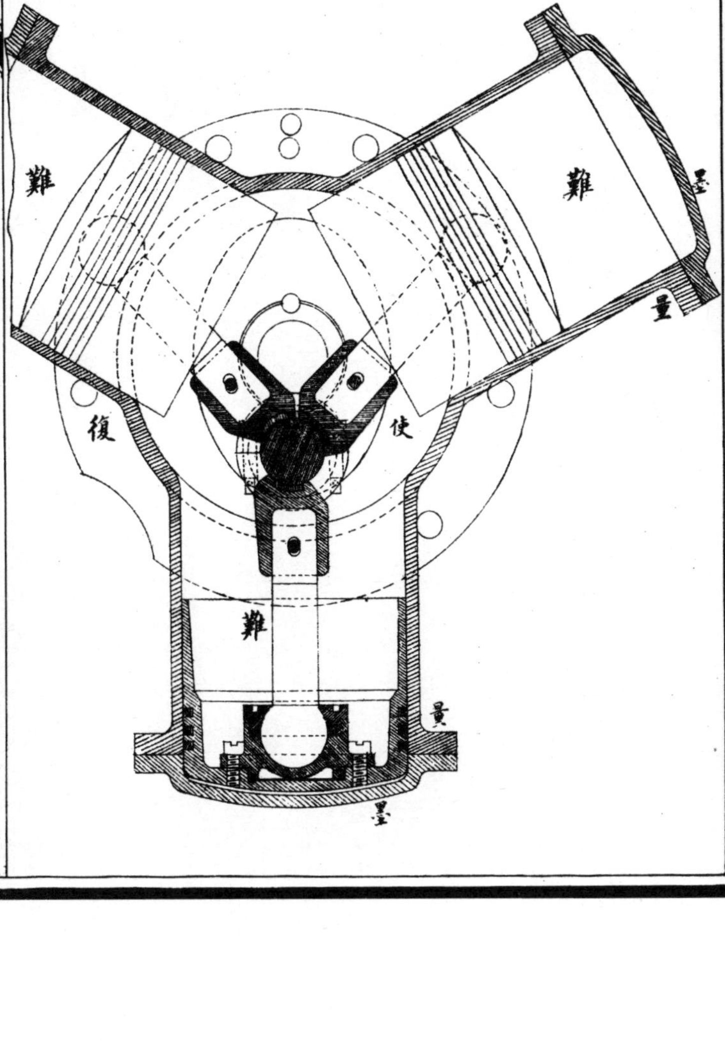

難 難 難 復 使 墨 量 量 墨

北洋魚雷營總管都司黎晉賢繪纂

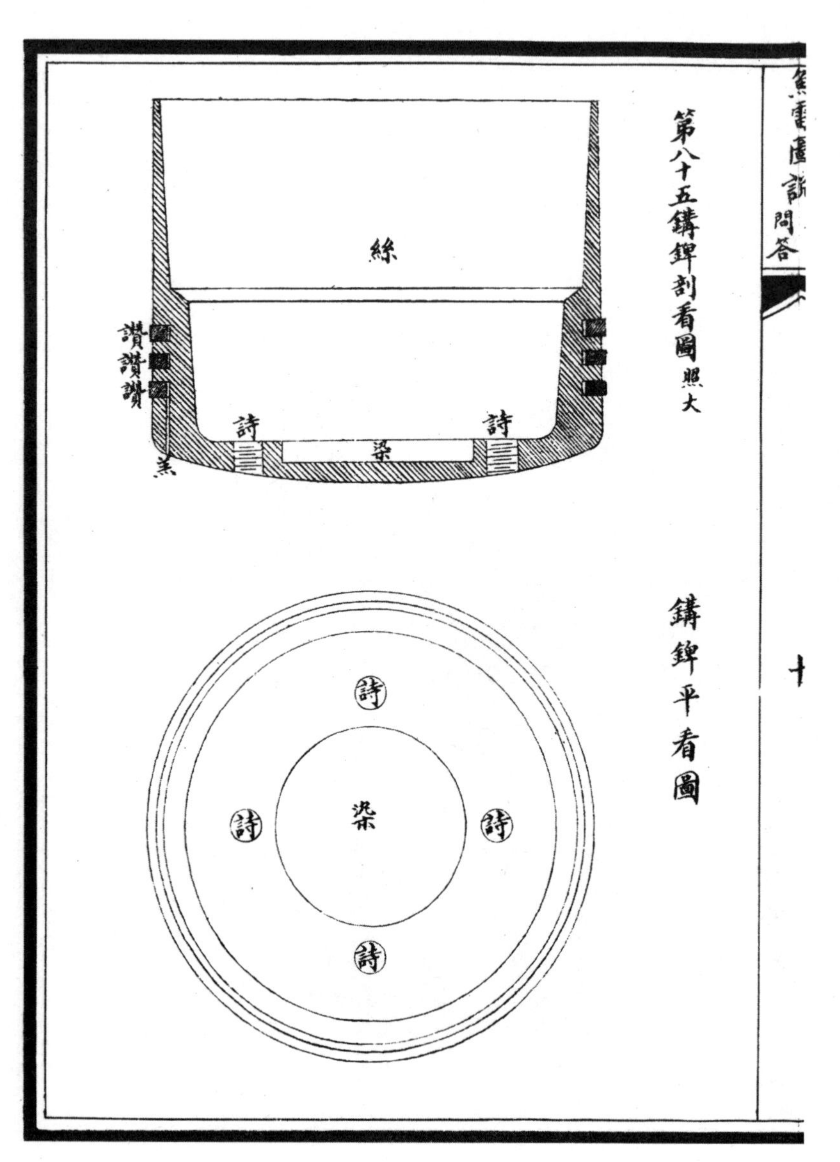
第八十五鏻鍕剖看圖照大
絲
讚
讚
讚
詩
詩
桊
羔
鏻鍕平看圖
詩
詩
桊
詩
詩

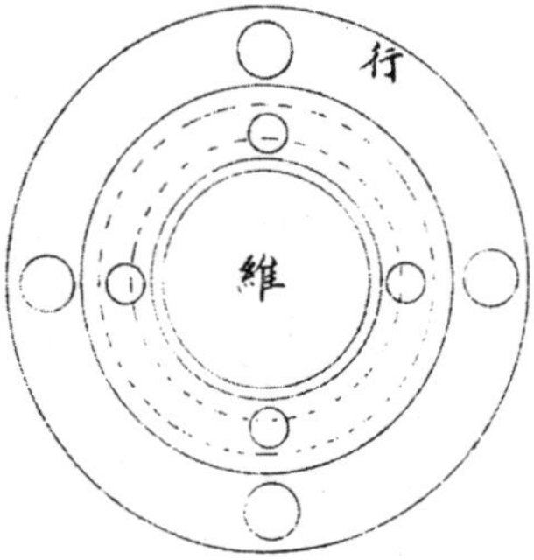

魚雷圖說名目

第四節機器艙圖

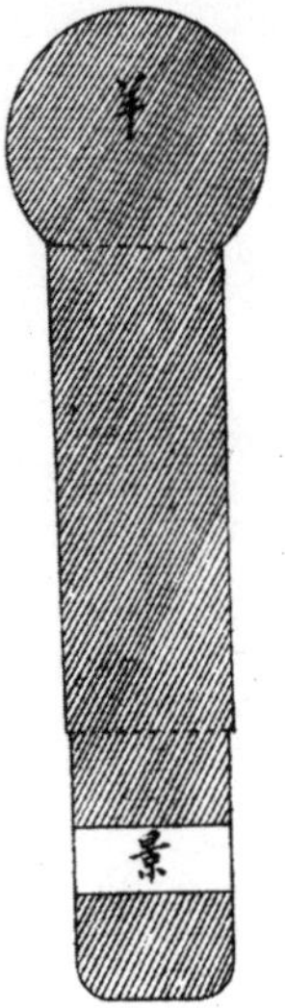

十一

北洋魚雷營總管都司黎晉賢繪纂

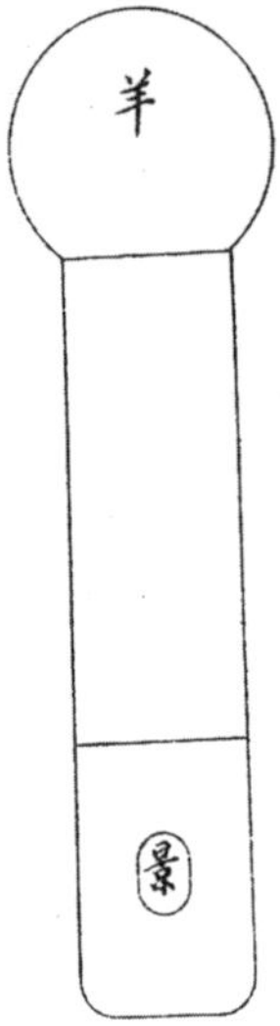

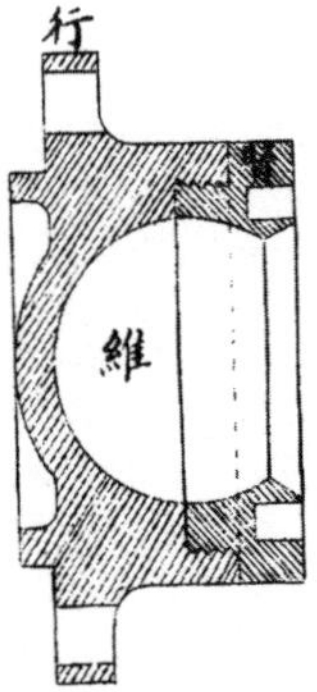

第八十六搖桿剖看圖 照大

搖桿外形圖

第八十七搖桿盒剖看圖 照大

搖桿盒平看圖

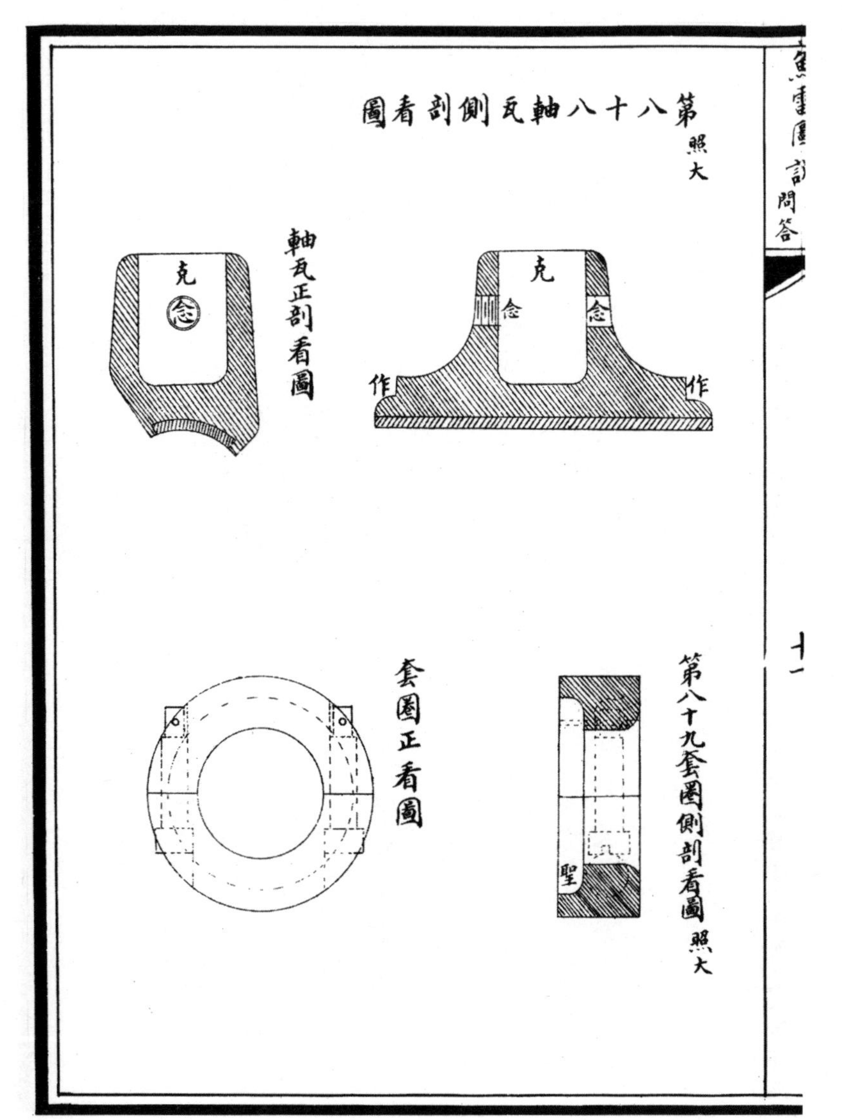
第八十八軸瓦側剖看圖
照大
軸瓦正剖看圖
克
念
作
第八十九套圈側剖看圖
照大
套圈正看圖
聖
魚雷圖說問答
十一

第四節機器艙圖

第九十氣罨盒正看圖 二分之一

表
名
名
建
建
名
端
形
德
正

十二

北洋魚雷營總管都司黎晉賢繪纂

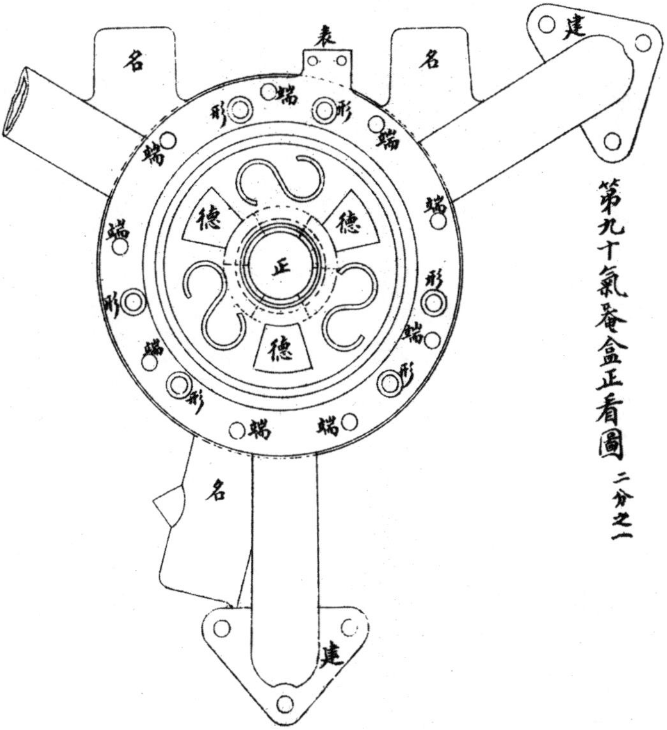

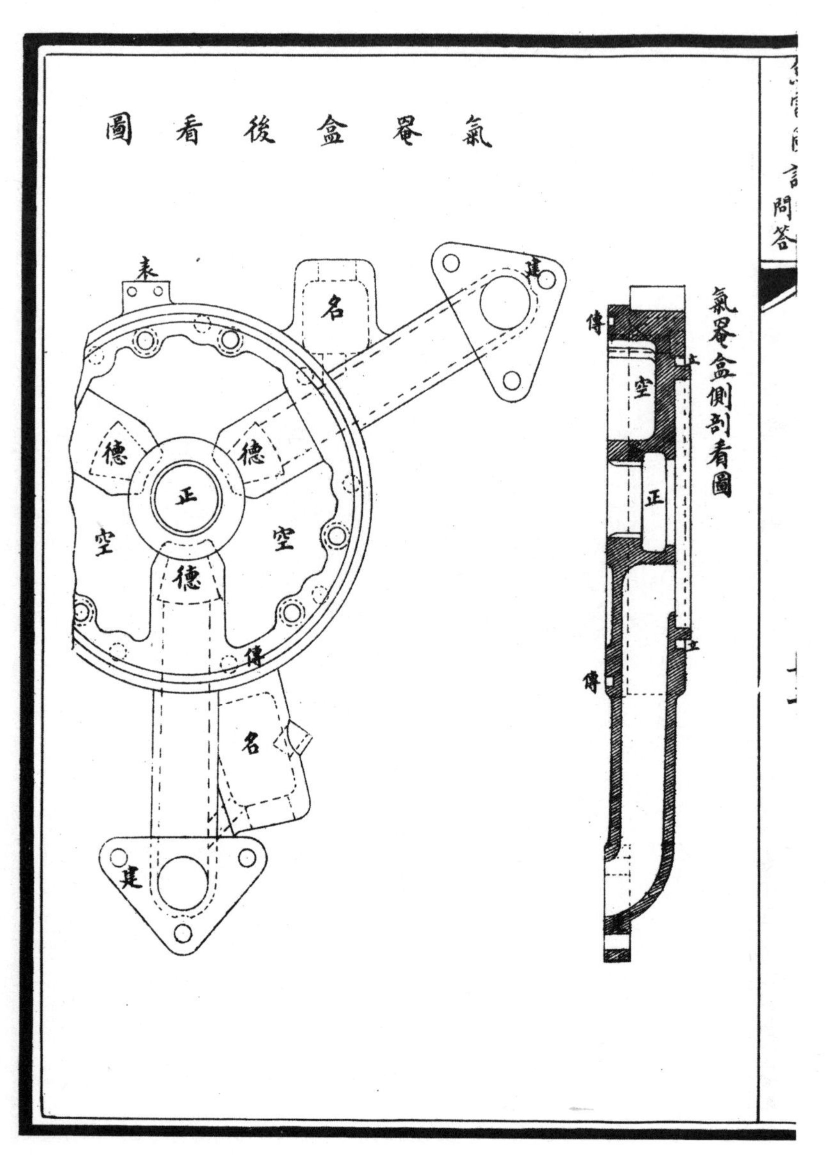
氣罨盒後看圖
表
名
建
德
德
正
空
空
德
傳
名
建
氣罨盒側剖看圖
傳
立
空
正
立
傳
問答

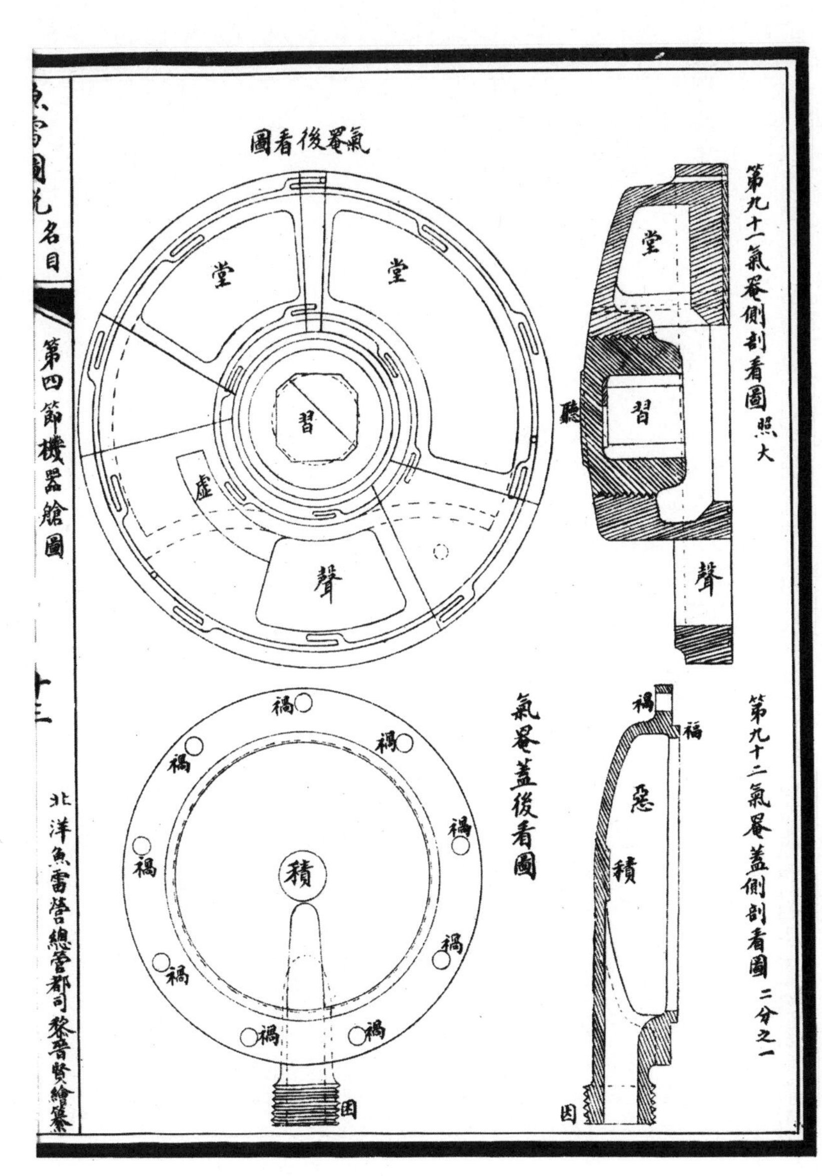

魚雷圖說名目
第四節機器艙圖
十三
北洋魚雷營總管都司黎晉賢繪纂
氣罨後看圖
堂
堂
習
虛
聲
第九十一氣罨側剖看圖 照大
堂
聽
習
聲
氣罨蓋後看圖
禍
積
因
第九十二氣罨蓋側剖看圖 二分之一
福
惡
積
因

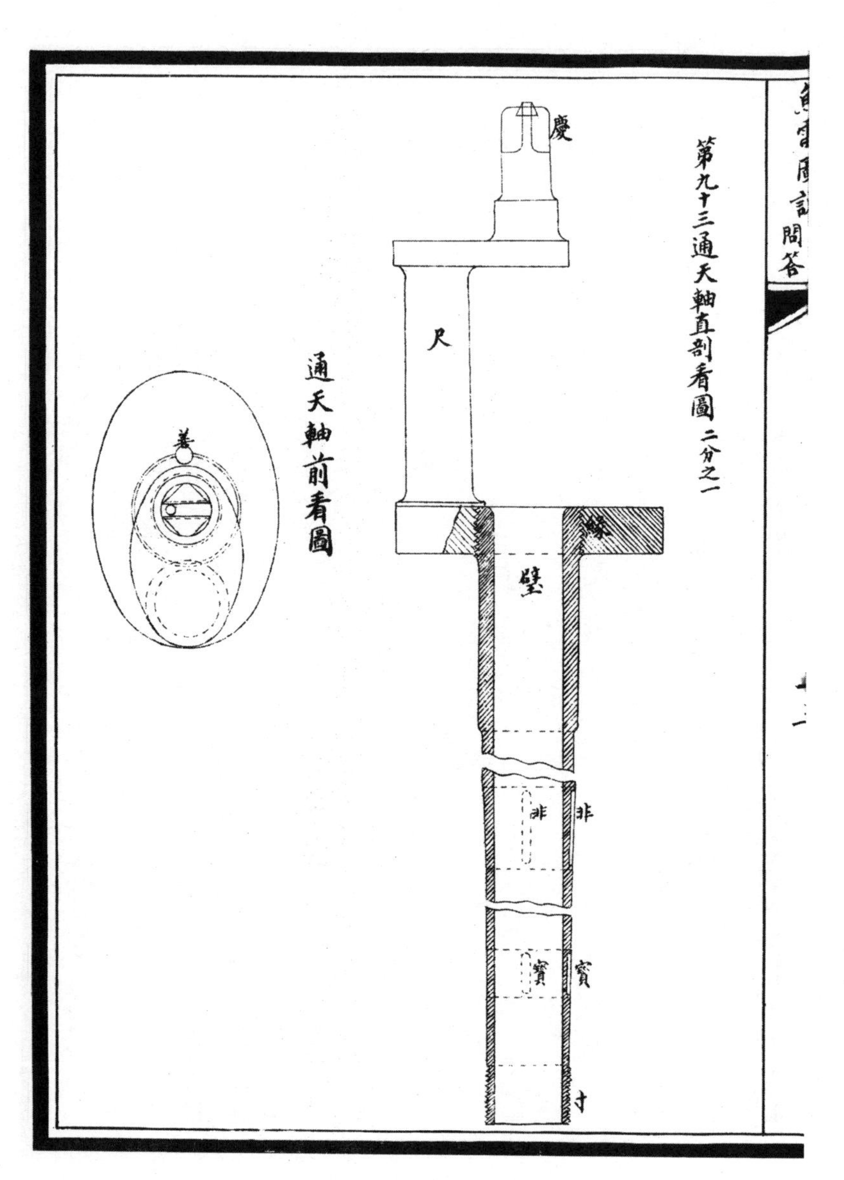
魚雷圖說問答
第九十三通天軸直剖看圖 二分之一
慶
尺
緣
壁
非
非
寶
寶
寸
通天軸前看圖
善

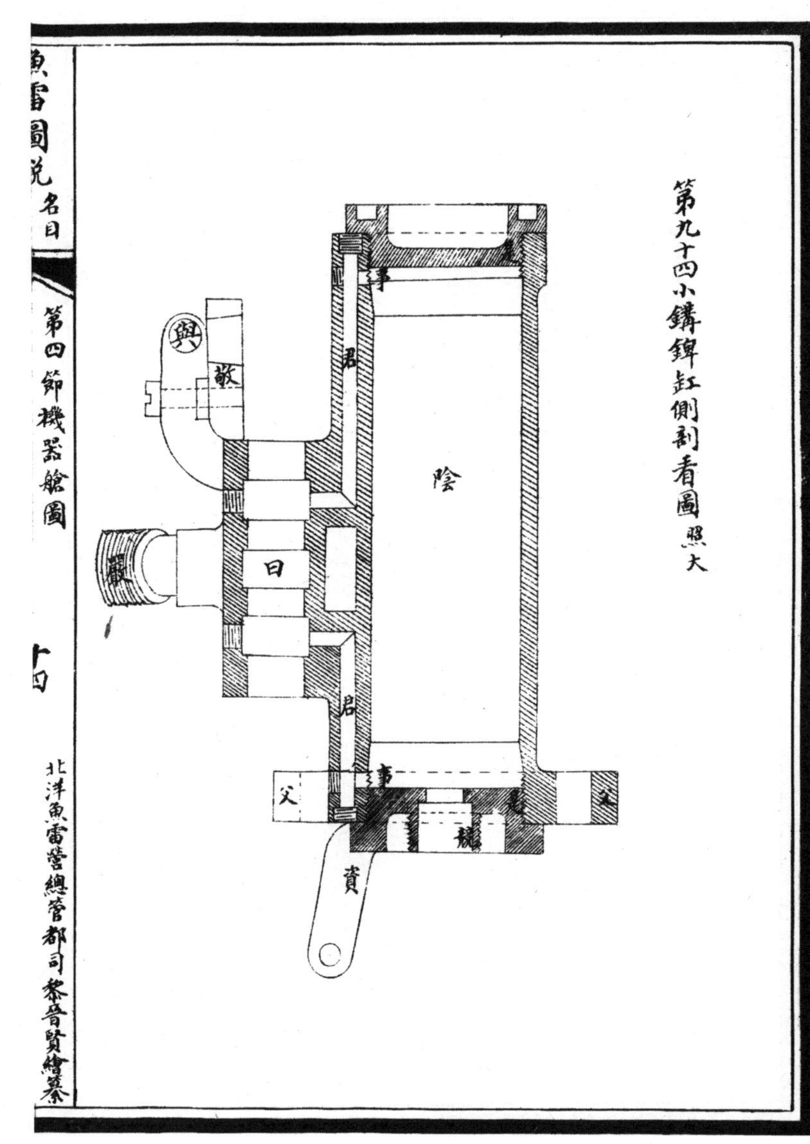
魚雷圖說 名目
第四節機器艙圖
十四
第九十四小鑄錍缸側剖看圖 照大
北洋魚雷營總管都司黎晉賢繪纂
陰
日
君
敬
與
嚴
事
父
資

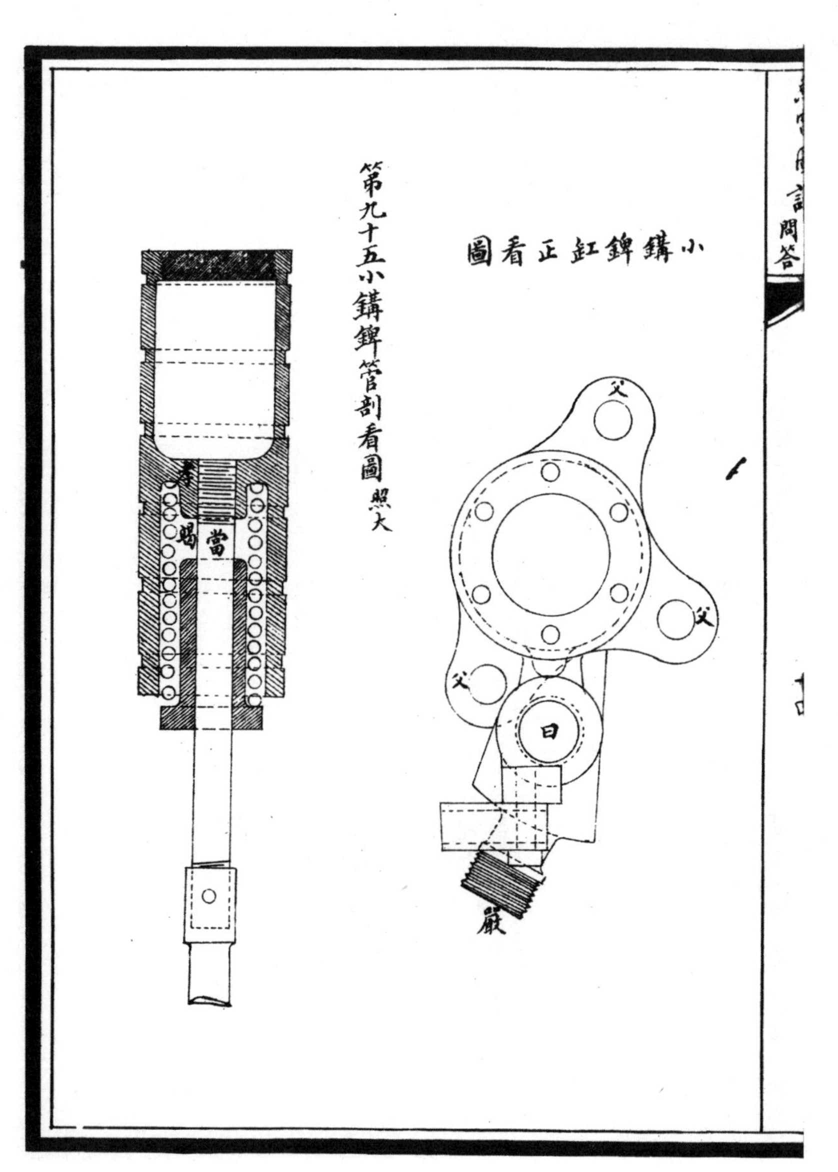
小鑄錍缸正看圖
父
父
父
日
嚴
當
第九十五小鑄錍管剖看圖照大

第九十六分氣管側剖看圖

照大

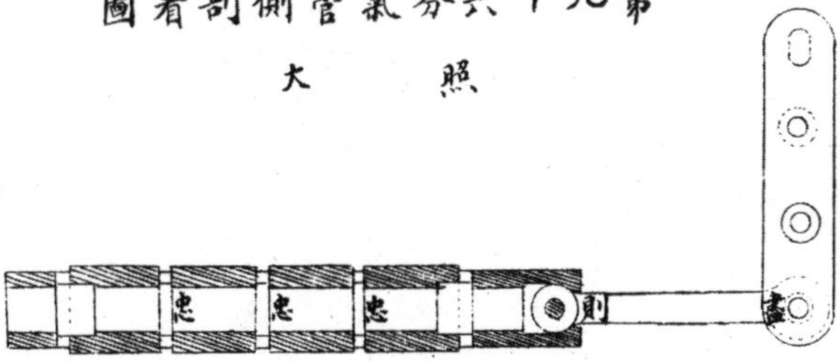

第九十七分氣軸平看圖

分氣軸側看圖

第九十八琵琶拐正看圖

照大

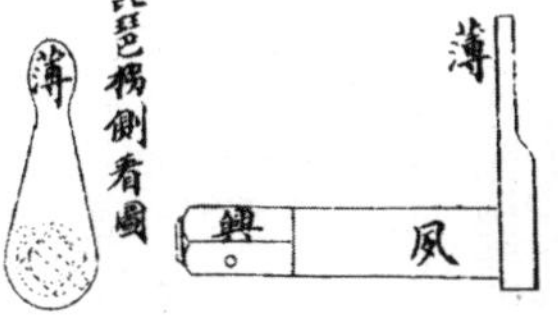

琵琶楞側看圖

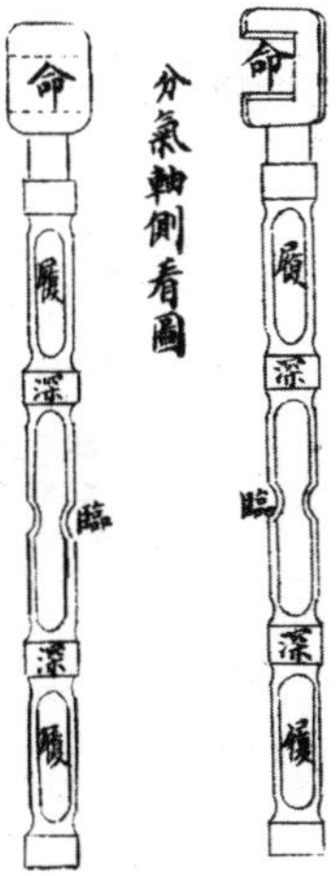

北洋魚雷營總管都司黎晉賢繪纂

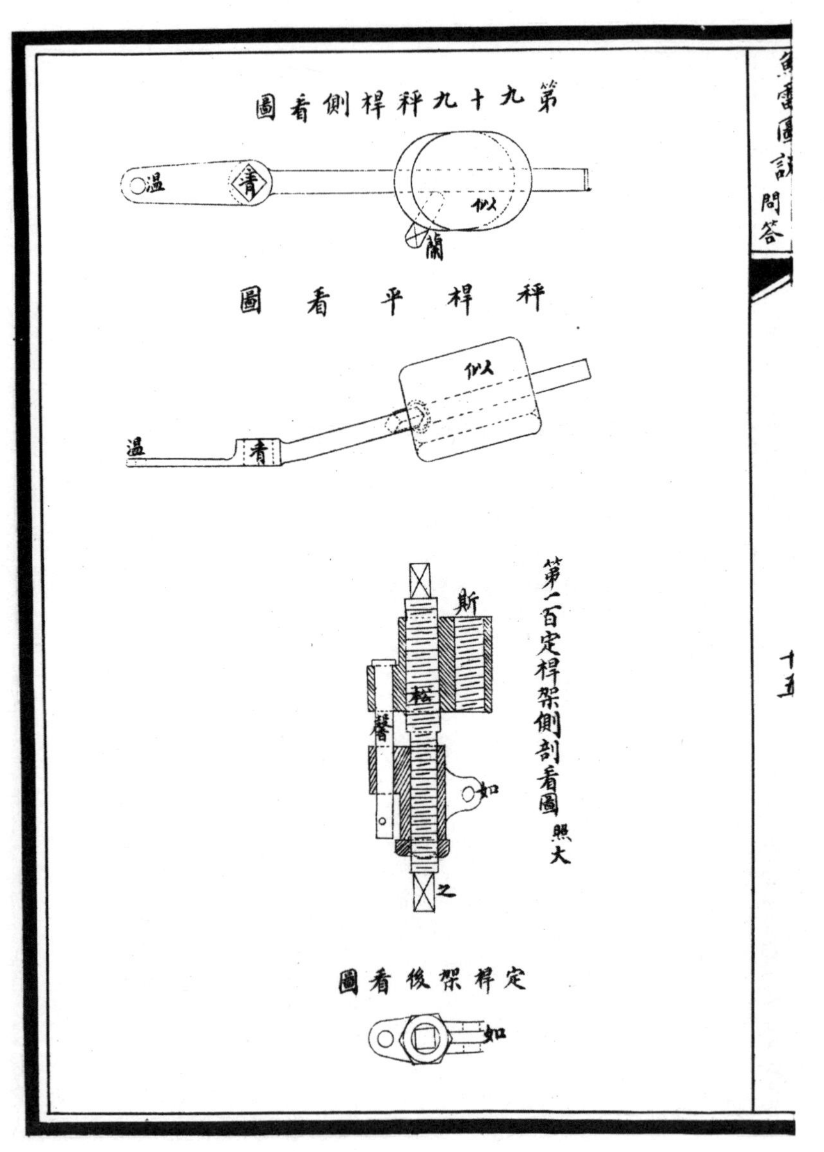
第九十九秤桿側看圖
溫
青
似
蘭
秤桿平看圖
似
溫
青
第一百定桿架側剖看圖
照大
斯
松
馨
如
之
定桿架後看圖
如
魚雷圖說
問答
十五

第一百零一升降桿正看圖 照大

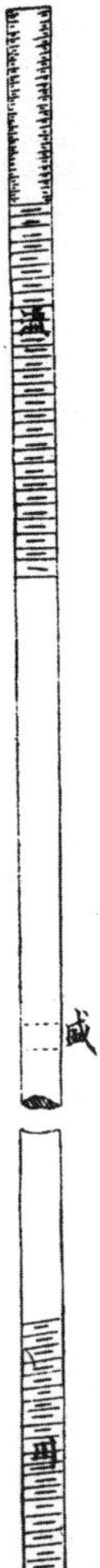

升降桿側看圖

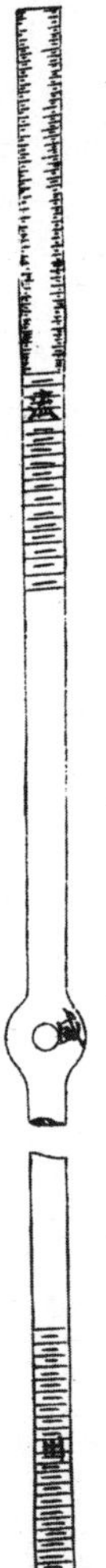

第一百零二升降盤剖看圖 照大

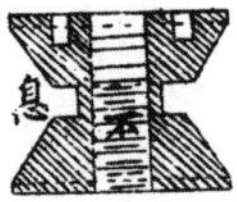

升降盤平看圖

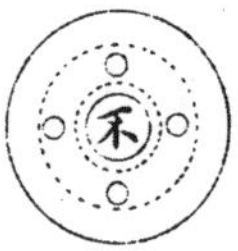

第一百零三定盤餅剖看圖 照大

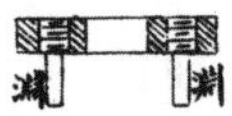

定盤餅平看圖

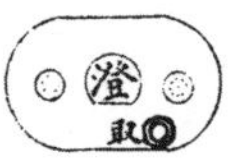

北洋魚雷營總管都司黎晉賢繪纂

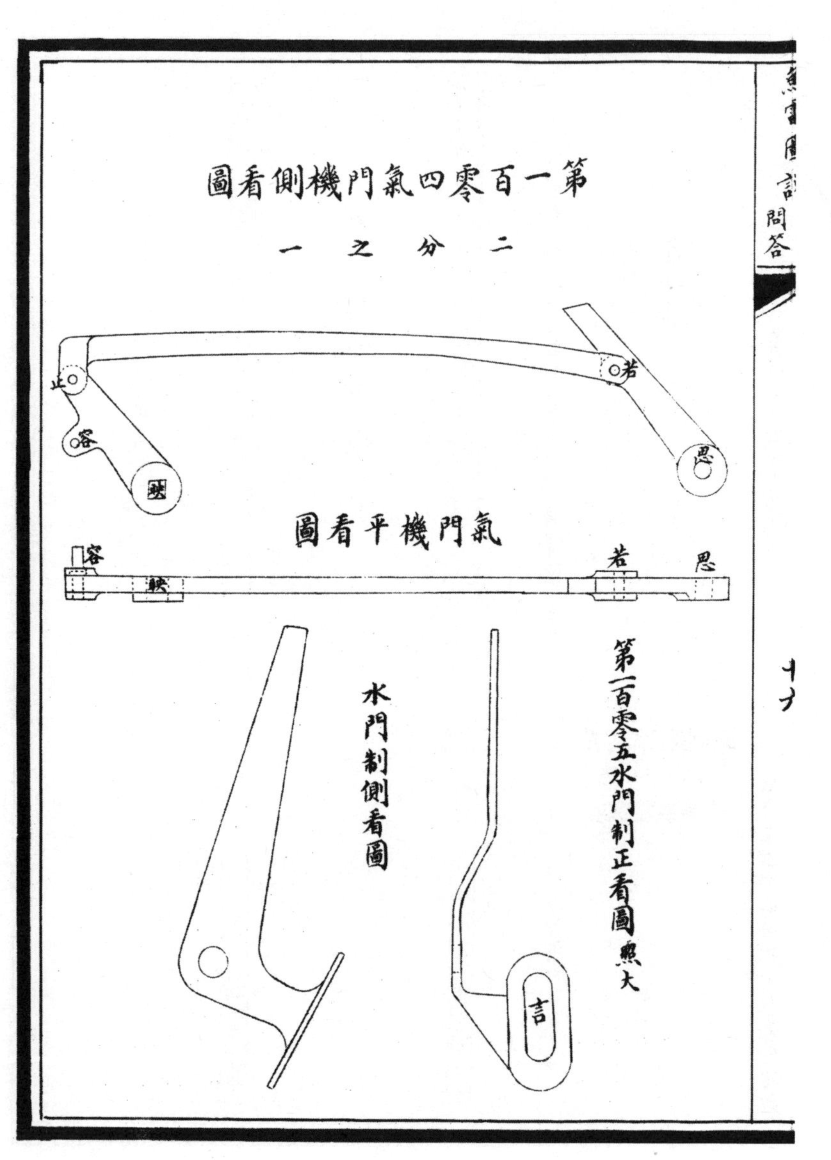
第一百零四氣門機側看圖
二分之一
止
容
若
思
氣門機平看圖
容
若
思
第一百零五水門制正看圖照大
水門制側看圖
言

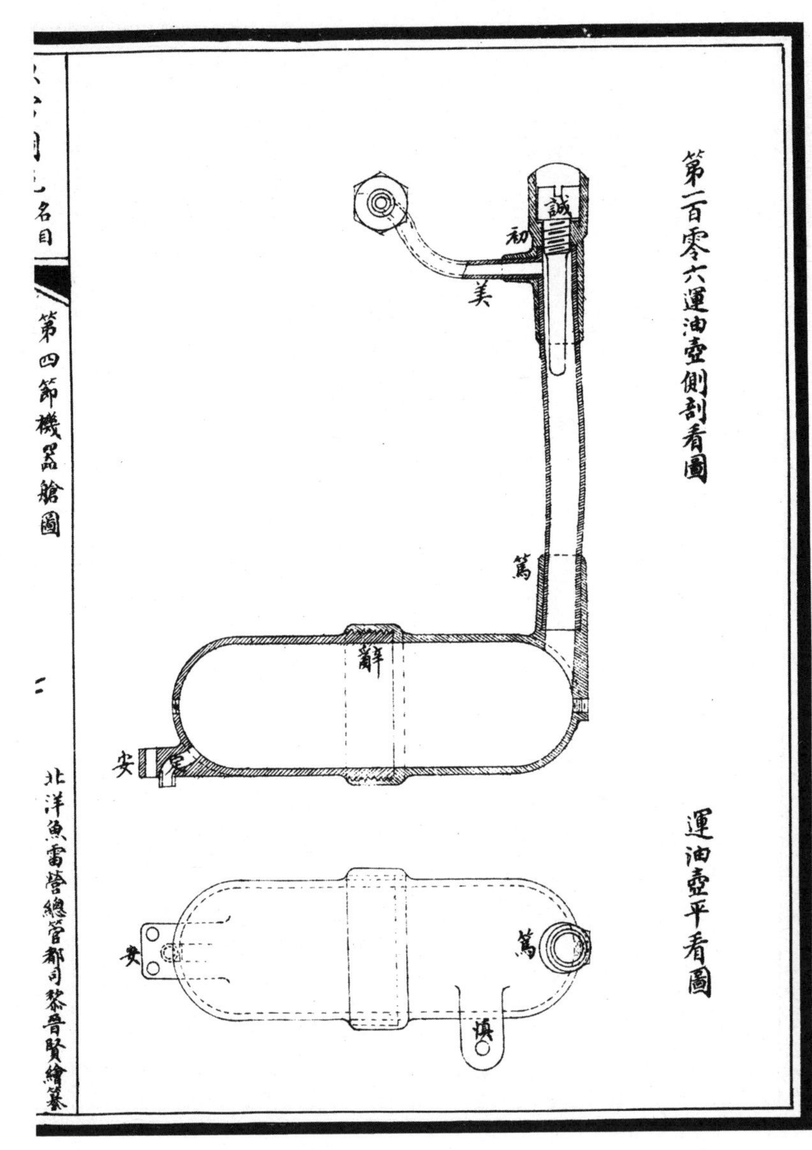
第一百零六運油壺側剖看圖
運油壺平看圖
第四節機器艙圖
北洋魚雷營總管都司黎晉賢繪纂
誠
初
美
篤
辭
安
篤
安
填

運油壺正看圖

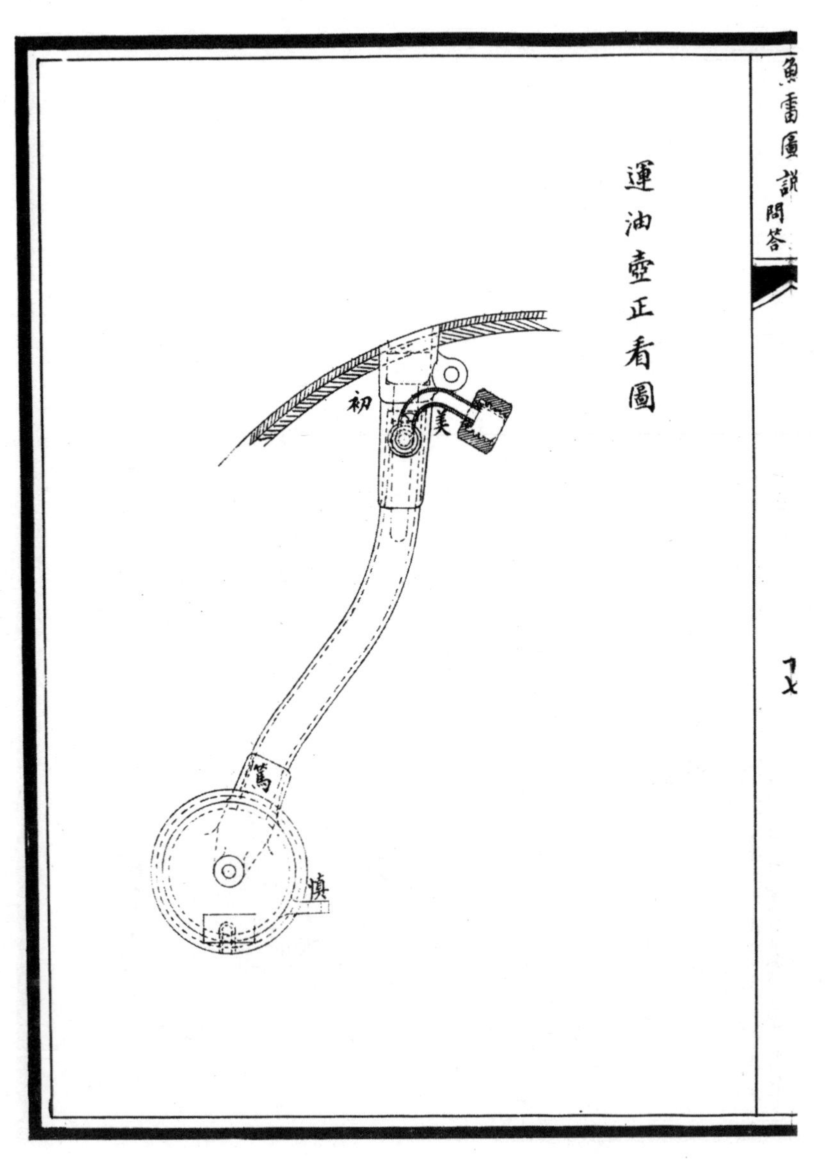

第一百零七樞組架側看圖 照大

樞紐架正看圖

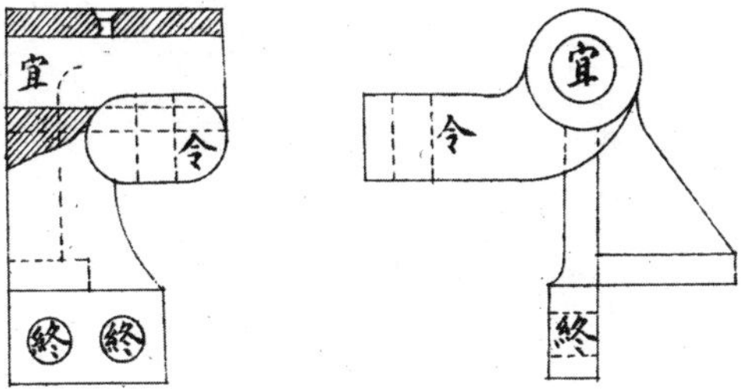

第一百零八樞紐軸側看圖 照大

樞紐軸正看圖

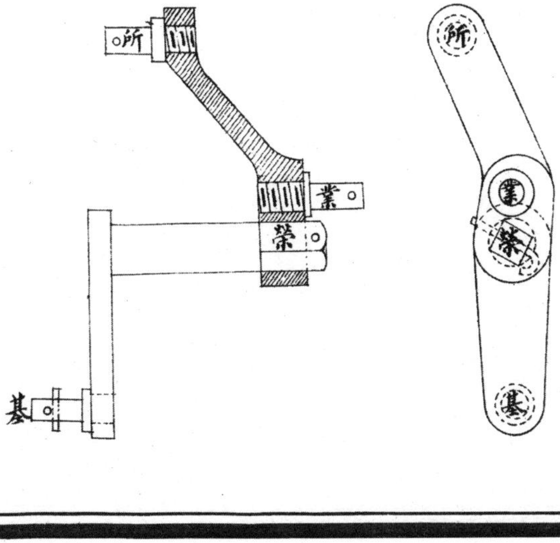

名目

第四節機器艙圖

北洋魚雷營總管都司黎晉賢繪纂

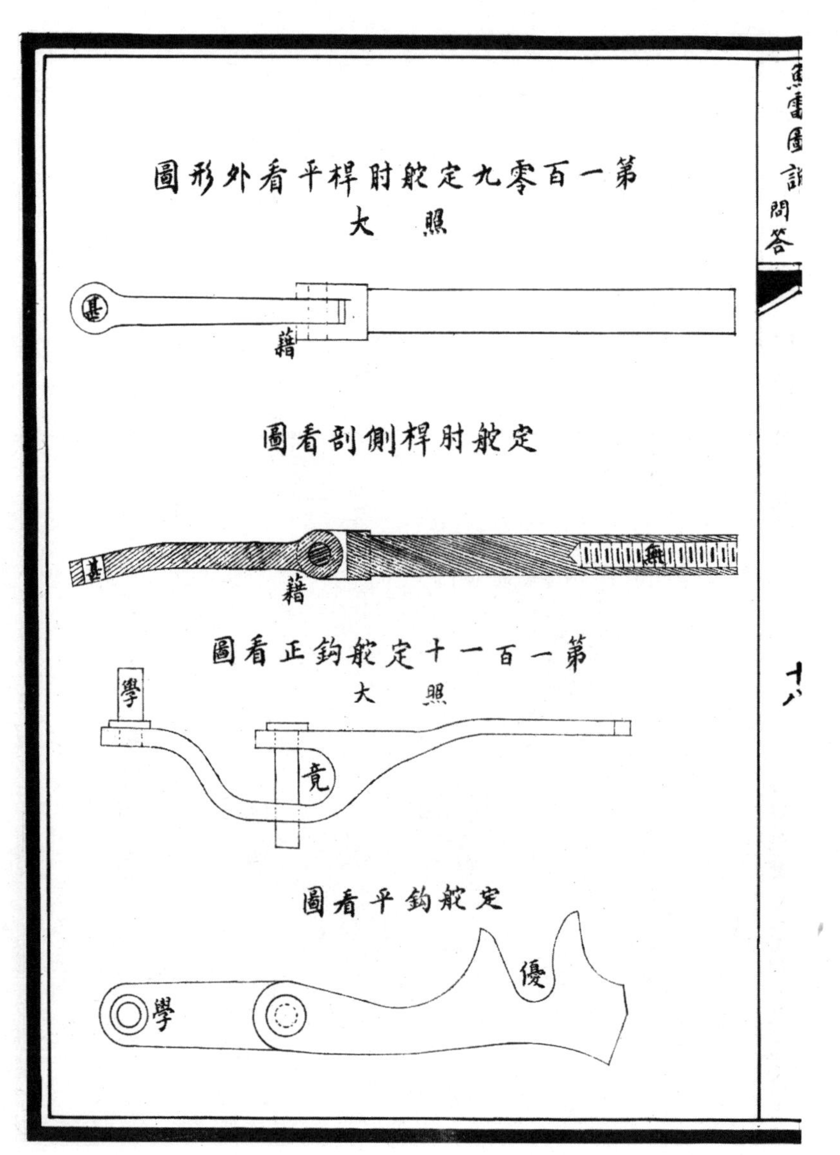
第一百零九定舵肘桿平看外形圖
照大
藉
定舵肘桿側剖看圖
甚
藉
無
第一百一十定舵鈎正看圖
照大
學
竟
定舵鈎平看圖
優
學
魚雷圖説 問答
十八

第一百十一停雷肘桿側看外形圖 照

登

仕

停雷肘桿平剖看圖

登

仕

第一百十二水門鉤側看圖 照大

擷

職

水門鉤平看圖

擷

北洋魚雷營總管都司黎晉賢繪纂

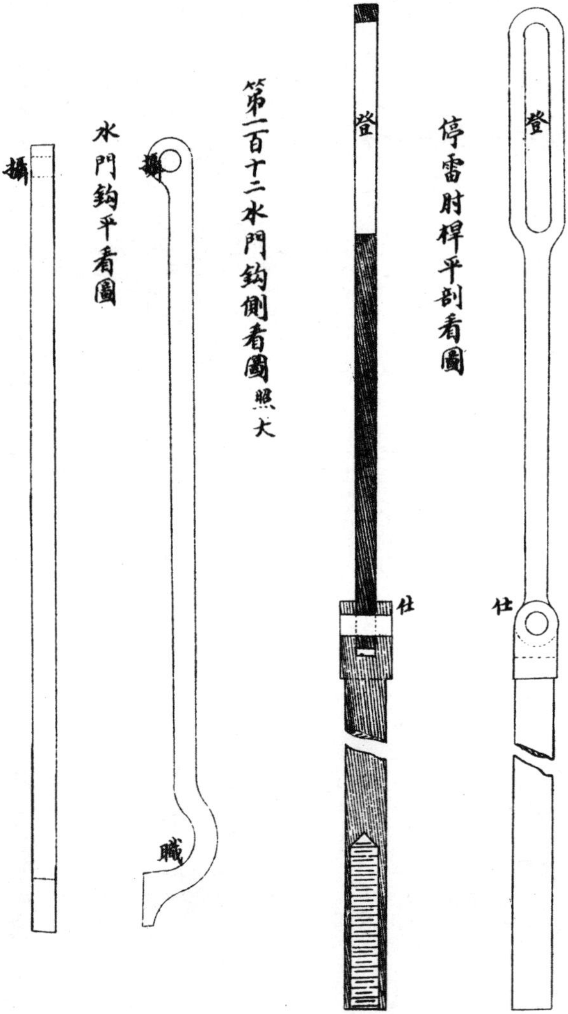

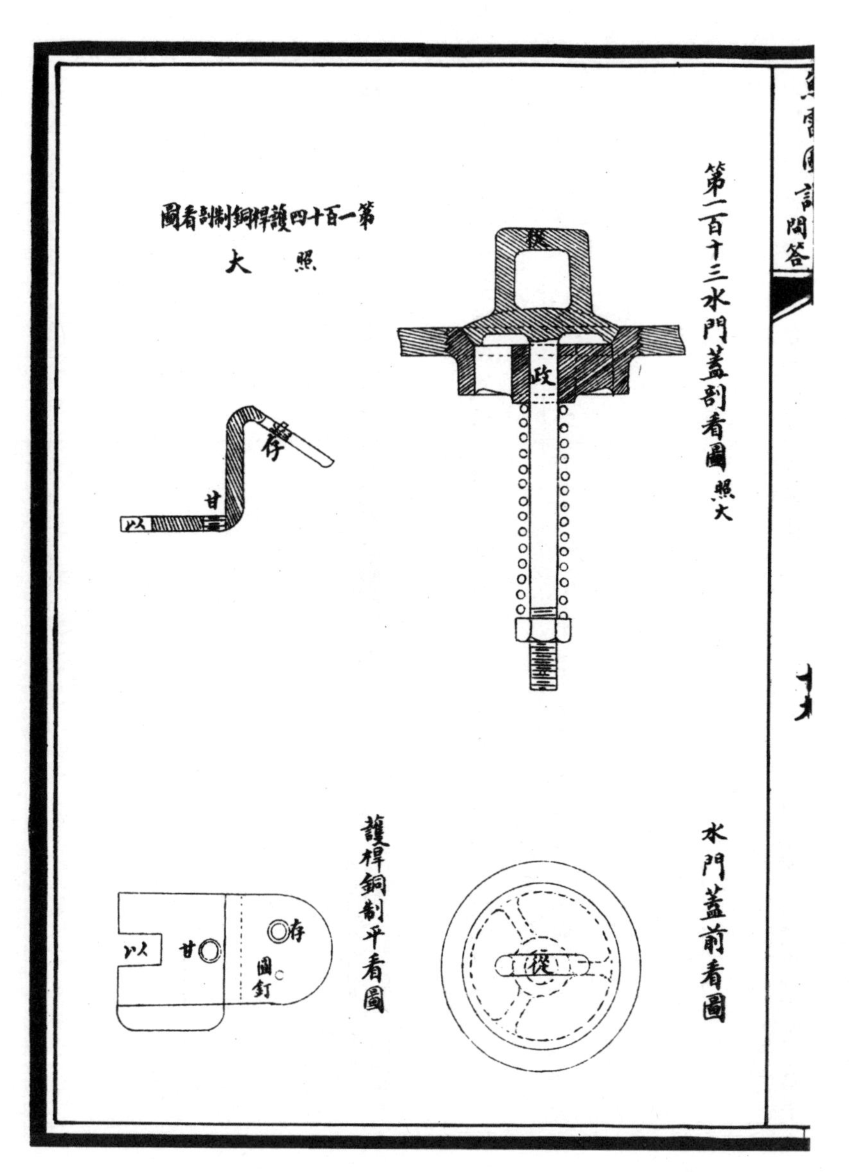
第一百十三水門蓋剖看圖 照大
第一百十四護桿銅制剖看圖
照大
水門蓋前看圖
護桿銅制平看圖
存
甘
以
圖釘

第一百十五定舵鈎制正看圖照大

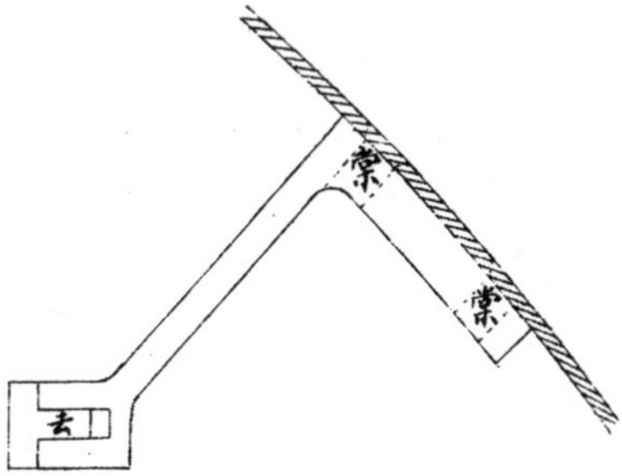

定舵鈎制平看圖

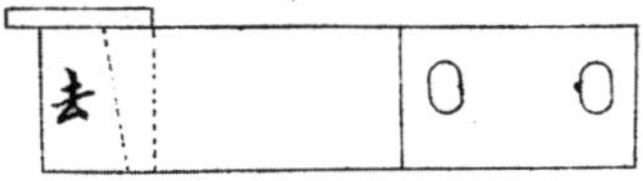

第一百十六三叉分氣管正剖看圖二分之一

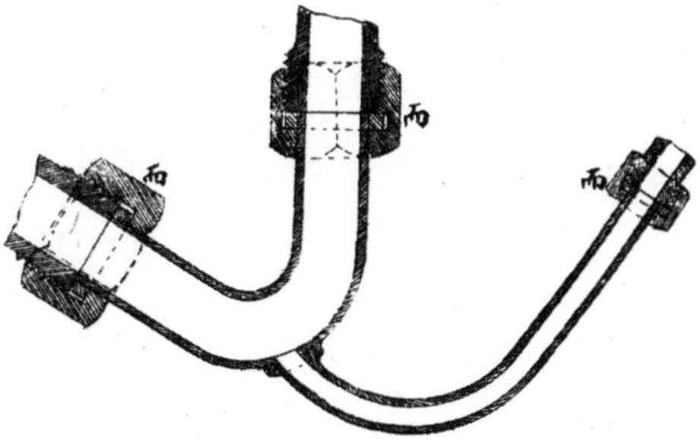

北洋魚雷營總管都司黎晉賢繪纂

魚雷圖説 問答
二十

第四節機器艙說

湯汽行船。空氣行雷。前已說之詳矣。而用氣必資其器。置器之處。必有地位。故當第四節燐銅雷殼之內。凡用氣行雷之機。全萃於此。故謂之機器艙。以意命名。非若舟艦之果有艙焉。此節以行雷為主。受第三節天氣缸所蓄之空氣。由總氣管而入第五節浮力艙。大蓋後之接氣管。以達右邊之分氣櫃。再由分氣筒之方氣眼而入。而分氣筒上端有壓鐄。以壓之。以定用氣之準。故將天氣缸之氣力。分出三十倍。由三叉分氣管之右管而出。又由中管行入中間之三角氣缸。推鞲錍轉通天軸。以旋轉第六節之四坡輪。則第八節之雙葉螺輪。左右旋轉。鼓水而行矣○此用氣行雷之路也○三又分氣管左管之氣○行向左邊之拉舵機○而入小鑄錍缸内○為管第九節升降舵之用○此用氣管舵之路也○此二者○一管行雷之輪○一管升降之舵○均承第三節所蓄之氣○用至第九節○皆此一艙内之靈機妙用○其附於各器以借力動用者○則有樞紐架○附於三角氣缸之頂○專管第七節之停雷鐄○使操時俟雷行足所定之數○則停雷鐄撑向後○以閉氣門○其雷自停○可以收回○架左附水門鈎○以管水門蓋○為打伏之時○或擊不中敵船之後○其水門自開○使雷沉於海底○不致為敵人撈獲○又免本船悞碰之患○其附於樞紐架者○則有定舵鈎○凡雷初入水時○每有震動之力○則雷行於水○防有偏斜之弊○故以

定舵鈎。管定拉舵機之升降桿。使雷初入水時。第九節之升降舵平正而行。俟雷行足定舵輪所定齒數。震動之力已過。則定舵輪帶轉定舵鈎向後。而拉舵機方能運動升降舵。庶免不靈之患。凡屬機器。未能片刻乏油。故又有運油壺。附於分氣櫃之上。藉氣分潤。使壺内之油。透於各機。是全雷行駛妙用之機。薈萃於此。亦如輪船之理相同。此機器艙之體用也。附売之外。又有數具。中有氣門機。為射駛之時。發氣行雷之主。左有水門制。專主啟閉水門之用。凡平時操雷。水門制上端恒向前。若臨敵時用雷。必須謹記。將水門制上端扳向後。則停雷之時。方能鈎開水門蓋。以進水入浮力艙也。若操時錯上此鈎。則雷沉海底。

北洋魚雷營總管都司黎晉賢繪纂

無處收回矣。用雷者最當留心。切勿稍涉大意爲要。今繪圖五十二種。問答四十七條。其器之繁。此一節爲最也。

第四節機器艙問答

問何謂機器艙○答曰機器艙者為全雷行駛之機器會萃其中用燐銅為壳前口大而後口小壳式中凸而前後皆坡接連於天氣缸之後為第四節而後節即為浮力艙其接連之法與各節同理惟螺鍵螺孔之數不同而與浮力艙接連之法新舊式又不同耳光緒七年所購之老式魚雷其機器艙與浮力艙接連之法旋用螺鍵可以卸合惟操用日久接筍螺鍵每有震鬆之弊致魚雷行向無準故新式魚雷將機器艙與浮力艙釘連用錫焊固庶免其弊

問艙內機器有幾種是何用法有何名目○答曰一曰總氣管

為空氣出入之區○蓄空氣入氣缸○及節洩空氣以運行各機○出入皆由此路○二曰分氣櫃○為節制各機用氣之權○使氣力運行有準也○三曰行輪機○為運動雙葉螺輪○以行駛魚雷○四曰拉舵機○為運動第九節之升降舵○凡魚雷駛行水中○勢力極猛○升降舵離第二節太遠○所受水壓力○非活銅餅及擺鉈所能遙制○故設拉舵機於第四節艙內○適中之區○以助其力○以上四種○為要緊之機器○各有專用○每種之內○又有許多名目○合成一種○曰蓄氣管○曰通氣管○此二者○總氣管內之具也○曰聚氣櫃○曰分氣櫃○曰壓鑽○曰壓桿○曰壓鑽筒○此五者○分氣櫃內之具也○曰三角氣缸○曰鑄鉀○曰搖桿盒○曰軸瓦○曰套圈○

曰氣罨盒○曰氣罨○曰氣罨蓋○曰通天軸○此十者○行輪機內之具也○曰小鑄錍釭○曰小鑄錍管○曰分氣管○曰分氣軸○曰琵琶拐○曰秤桿○曰定桿架○曰升降桿○曰升降盤○曰定盤餅○此十者○拉舵機內之具也○是四種之內外而名之○有二十七具○四者之外○又有附於各體之機○各有專用○曰氣門機○曰水門制○附於總氣管之外者也○曰運油壺○附於分氣櫃之外者也○曰樞紐架○曰樞紐軸○曰定舵肘桿○曰定舵鈎○曰停雷肘桿○曰水門鈎○此六者○附於三角氣釭之外者也○附於浮力艙大蓋者○曰水門蓋○附於銅殼之上者○曰護桿銅制○曰定舵鈎制○附於分氣櫃以通各機之氣者○曰三乂分氣管○總而計之○大者四種○

北洋魚雷營總管都司黎晉賢繪纂

附者十三種以名目計之為四十四端

問總氣管何用○答曰總氣管為空氣必由之路前為空膛左右各有孔如(此)以通左右兩管左為蓄氣管為收空氣入天氣缸而右管接連氣喉以出天氣缸之氣中管膛內有鋼鑛如(身)以壓緊大氣舌如(髮)而閉氣門撥舌軸橫居中管後膛如(四)為啟氣門之用撥軸左端有方筍如(大)以鑲合氣門機臨放雷之時撥動氣門機向後轉動撥軸以抵開大氣舌則氣缸之氣由氣喉而達通氣管旋至中管轉入浮力艙大蓋後之接氣管而達分氣櫃以分用之

問分氣櫃何用○答曰分氣櫃之設為節制天氣缸之氣使各

機受力維均。因天氣缸內蓄氣至九十倍。其力甚大。各機件必致受傷。且氣力易竭。有此機以制之。則分運各機之氣力。自有準則。宣用有節。雷能及遠。又無忽快忽慢之弊。櫃體上方下圓。中有大孔如(五)。上下相通。孔內製極光滑。使分氣筒升降靈活。中有槽三週如(常)。與分氣筒三槽對合以通氣。上下各有一槽如(茶)。為通油之路。上端有坡口如(惟)。以合壓桿之坡肩。外週有螺紋。為旋合壓鑽筒之用。櫃底有螺口。以旋受螺蓋如(鞠)。左邊有螺嘴如(養)。為旋接三乂分氣管以達氣至各機。而運動魚雷也。右邊有方角如(豈)。平面上有兩螺眼。為受兩螺釘。以鑲合運油壺。下有通槽如(敢)。為通運油壺之

北洋魚雷營總管都司黎晉賢繪纂

油○借氣力以分潤各機器○

問行輪機何用○答曰○行輪機之用○為旋轉曲拐○以鼓動雙葉輪○而行駛魚雷○其機器為三角環聚之式○每角有一氣缸○與輪船汽機形式異同○然其轉運螺輪之理則一也○此機之精妙○為船機所不能及者○以其能任大力○且輪轉甚速○其氣缸內積○每方生脫○能受三十倍天氣○即英國每方寸○能受四百五十磅壓力○每分鐘輪轉約一千二百週○計其任力之大○與輪轉之速○莫有能出其右者○且氣罨隨拐軸而轉○循環啟閉氣罨盒三氣眼○而進氣入三氣缸○推動鏟錍○以旋轉輪葉○程功後之迴氣○復由氣罨盒轉入通天軸內膛○直達尾閭而出○

借氣抵水之力○以助魚雷速率○尤為奧妙○其用氣運動機件情形○氣先由三叉分氣管○而達氣罨蓋之空膛○自氣罨扇面孔○而入氣罨盒第一氣孔○轉由氣路入氣缸○抵動第一鑄錍○旋轉拐軸○則氣罨隨拐軸而轉○俟氣罨扇面孔○已閉絶氣罨盒第一氣孔○轉至第二氣孔時○氣由氣路而入氣缸○推動第二鑄錍○其以前進第一氣缸之氣○程功後為迴氣○復轉氣路而出○由第一氣孔而入氣罨扇面竅○再由氣罨盒迴氣槽○而達氣缸之空膛○直向通天軸內膛而出矣○因氣罨隨拐軸而轉○旋運不息○故轉至第三氣孔○進氣入缸內○推動第三鑄錍○其在第二氣缸之氣○程功後○與前言第一氣缸之迴氣同理○

三氣缸皆然○故只詳其一○餘可類推也○

問拉舵機何用○◯答曰○拉舵機之用○為運動升降舵葉上下○使魚雷浮沉水中○升降淺深之主也○此機之用○理法精奥○其運動舵葉升降之多寡○均按活銅餅○及擺鉈行路之遠近而定○譬如活銅餅或擺鉈行全路○則拉動升降桿○推開分氣軸○以啟進氣眼○氣壓小鏲錍管行全路○而舵葉之升降亦如之○若活銅餅或擺鉈行半路○則拉動升降桿○及分氣軸亦行半路○以啟進氣眼○氣壓小鏲錍管而行○而分氣管與小鏲錍管挺桿○均接於雙銅臂○相連運動○故小鏲錍管行半路○推動分氣管亦行半路○以閉進氣眼○則小鏲錍管定而不動○故舵葉升

降之大小○則視小鑄錍管為進止○理甚奥妙○小鑄錍管之後○有一撐鑛○侯閉氣停雷時○壓小鑄錍管向前○拉舵葉向上○則魚雷亦向上浮矣○以上四種為大件○

問蓄氣管何用○答曰○蓄氣管○專為蓄氣入氣缸○及洩餘氣之用○管口稍圓式○兩端各有螺眼如轂○為受兩螺釘○鑲於銅殼之上○管口內有螺紋○以圓錐形螺塞如傷以閉之○其下有皮墊○不令洩水氣○管內有氣舌如女○其下有鋼鑛如慕○常壓氣舌緊閉○以免洩氣○或滲水氣入缸之患○惟鋼鑛之力○須倍於空氣壓力○方能有用○管底有六角螺蓋如貞○此蓋之用○為卸合氣舌及鋼鑛○並查驗有無損傷○以便修理○蓋中有圓孔如

北洋魚雷營總管都司黎晉賢繪纂

潔。為套合氣舌之柄。以防氣舌偏倚。

問通氣管何用。答曰。通氣管。連於中管前端之空膛。如男。管口向右係橢圓式。與氣喉之橢圓接頭恰合。上下各有一螺眼。如致。為受兩螺鍵。以旋接氣喉。其為用也。臨裝氣時。氣由左管入。而進中管前端之空膛。再由此管而達氣喉。以入天氣缸也。以上二者。總氣管之具也。

問聚氣櫃何用。答曰。聚氣櫃與分氣櫃相連鑄成。才為進氣管。前後均有螺紋。旋合櫃身之螺口。如良。用錫焊固後端有螺嘴。以螺母鑲合浮力艙大蓋。如知。另有螺母如過。為旋連接氣管。以行天氣缸之氣。由必孔轉入分氣櫃三槽。而達氣

至各機○同時又進氣入櫃內之空膛如改○使氣無斷續或過緩過急之弊○櫃身上面有螺眼如得○為鑲運油壺之處○

問

分氣筒何用○答曰分氣筒為節制進氣之限○上端有圓窩如能○恰合壓桿之下尖○以受壓鑽下壓之力○窩中有螺眼如莫○以旋受螺提○為合卸之用○下端有四缺口○以通氣至三乂分氣管○及分氣入聚氣櫃筒身中腰○有槽三週如忌○對正分氣櫃三槽以通氣○每槽中有方眼○八箇共計方眼二十四箇○下週槽邊另有小孔如因○此孔之用○為魚雷初出筒時氣缸○內所蓄之氣○全遍至分氣櫃○勢力甚大○氣由分氣筒方眼而入而壓鑽之壓力○僅能敵三十倍氣力○故極速推分氣筒上

北洋魚雷營總管都司黎晉賢繪纂

行。而閉進氣之路。其已進筒中之氣。即達至三叉分氣管。運動各機。瞬息間氣力漸減。而壓鐀之力轉强。復將分氣筒壓下。恐因此而損壞。有此小孔。則可傳空氣至筒內。以抵壓鐀下壓之力。既免分氣筒受傷。且免空氣斷歇之弊。分氣筒上有淺槽三週。如談。下有直槽。如彼。為通油之路。

問壓鐀何用。〇答曰。壓鐀為節制進氣之權衡。各機用氣之準則也。用五密里半大鋼條盤成十八週。盤圓外徑二十七密里半。上端套入四眼螺圈之槽。下端直抵壓桿之圓肩。以壓緊分氣筒。此鐀壓縮二十二密里。計合三十倍天氣之壓力。為最大之限。即臨戰陣時用雷。亦不可過此數。因恐機器受

傷也○其平時操雷○恆用十八密里○計其壓力約二十四倍五
五○凡用氣力之多寡○皆以此鑛為權衡也○
問壓桿何用○〇答曰○壓桿以鋼為之○居壓鑛之中○上為圓桿○套
入四眼螺圈之圓孔○下端尖銳○以抵分氣筒上之圓窩○中有
圓肩如（短）○上面邊平○為承壓鑛之用○底下坡斜○以壓合分氣
櫃之坡口○以免壓鑛偏倚○是桿之用○為空氣初進分氣櫃時○
壓力甚大○極速推分氣筒上行○恐壓鑛因此撞力而受傷○有
此壓桿○縱推向上之氣力極猛○其桿之上端○只抵至壓鑛筒
蓋○而不能再向上行○庶免壓鑛損壞○
問壓鑛筒何用○〇答曰○壓鑛筒○下端口內有螺紋○旋接於分氣

櫃上端螺嘴○前有螺眼如(靡)○與分氣櫃上端螺嘴之眼對合○以螺釘鍵定之○因恐旋四眼螺圈時○壓鑚筒隨之而轉也○旁有小孔如(恃)○為通氣之用○筒內上節有螺紋○旋合四眼螺圈如○(已)以伸縮壓鑚○為節制用氣之多寡○凡壓鑚縮二十二密里○應有三十倍天氣入分氣筒中○若氣力大○則鑚力不敵氣力○勢必將分氣筒頂起○故又設螺蓋如(長)○為分氣筒向上之極限○凡分氣筒推壓桿升至螺蓋○則恰閉進氣路○惟銅性輭○恐螺蓋易致受傷○故鑲鋼塊如(信)○以抵壓桿相撞之力○此五者○分氣櫃之具也○

問三角氣缸何用○◯答曰○此機與輪船汽缸○異形而同理○三角

氣缸者○每角為一缸○相連鑄成○中有空膛如(使)○係容曲拐旋
轉之處○膛外有子口如(可)○週有六螺眼○為受鑲合氣罨盒之
螺釘○膛後有濶邊如(復)○週有五孔○以套合浮力艙大蓋○五螺
釘○外以螺母旋之○濶邊之中有槽如(罌)○墊壓牛皮圈○以防洩
氣○空膛頂上有一螺孔○旋以螺釘如(欲)○此螺孔之用○預防搖
桿與軸瓦接連之螺釘○損壞鑄鉀不能卸出○碍難修理○故必
由此孔入螺絲起子○先卸軸瓦圈○則鑄鉀連軸瓦一併折出○
方能修換○氣缸有內膛如(難)○製極光滑○使鑄鉀進退靈活○缸
口有濶邊如(量)○週有十二螺眼○為受螺釘以鑲合缸蓋如(墨)○
內墊壓皮圈○以防洩氣○缸口前面與缸蓋相接處○有三角平

北洋魚雷營總管都司黎晉賢繪纂

面中有圓孔如（悲）為進氣入缸以推動鞲鎞也。三角各有螺眼。為受螺釘以鑲合氣罨盒。每角為一氣缸。各有鞲鎞一副。使三缸之氣。均推鞲鎞。以旋轉通天軸。全雷行動。全賴於此。

問鞲鎞何用。○答。曰鞲鎞之用。為受氣力。以運動曲拐。轉搖通天軸。旋轉螺輪。行駛魚雷者也。與輪船鞲鎞異形同理。式如仰盂。中有空膛如（絲）。為容搖桿旋轉之地位。底有淺窩如（染）。週有四螺孔如（詩）。為旋受搖桿盒之處。鞲鎞外週有三槽。藏三鋼圈如（讚）。密切氣缸內膛。使鞲鎞往復不洩氣。三槽之中。另有小眼。通至鞲鎞之面如（羔）。使油隨氣入。而潤滑氣缸。則鞲鎞進退無停滯矣。

問搖桿何用○答曰○搖桿者為傳引鏟錍之力○而旋動曲拐也○
上有圓頭如(羊)○與搖桿盒圓窩磨合而成○為活動旋轉之用○
下端有孔如(景)○為受螺釘○以接連軸瓦○惟此孔畧作橢圓形○
易於運動耳○
問搖桿盒何用○答曰○盒底有圓邊如(行)○週有四孔○以受螺釘○
鑲合鏟錍底四螺眼○中有圓窩如(維)○恰合搖桿之圓頭○窩口
有螺紋○以旋受盒蓋如(賢)○盒蓋上面有四孔○為受雙釘扳手
合卸之處○
問軸瓦何用○答曰○軸瓦上端為圓管○中有孔如(克)○套受搖桿○
另有螺孔如(念)○旋以螺釘○為接連搖桿之處○軸瓦前後有陽

北洋魚雷營總管都司黎晉賢繪纂

筍如(作)為受套圈合連於曲拐瓦腹之中鑲以五金使其光滑經磨而無滯澁

問套圈何用○答曰套圈為套軸瓦之用前後各一箇中為圓孔其徑與曲拐之外徑等孔內有子口如(聖)為套軸瓦之陽筍上半圈兩邊有圓孔與下半圈兩螺眼對合以旋兩螺釘為套合三軸瓦於曲拐以傳鑄錍進退之力而旋轉曲拐其用兩半圈合成者易於卸合也

問氣罨盒何用○答曰氣罨盒之用為分氣入三氣缸進退鑄錍以運動輪葉也前有淺盂為容氣罨旋轉之路盂面有扇面孔三箇如(德)為進氣之處氣由此孔以達氣路而入氣缸

氣管之端有如意邊如建。上有三圓孔。為受螺釘。以鑲合氣缸口三螺眼。氣路旁連小管如名。以備續餘氣。使其壓力平勻。無過緩過急之弊。盒面有淺槽如立。為對合氣罨蓋之陽筍內墊壓皮圈。以防洩氣。槽外週有圓眼六箇如形。為受螺釘。以鑲合氣缸子口之螺眼。另有小螺眼九箇如端。為鑲合氣罨蓋盒。上有方座如表。有螺眼兩箇。為鑲樞紐架之用。盒中有圓孔如正。前口大而後口小。前口為洩迴氣。後口為套合曲拐頭旋轉之處。盒內有空膛如空。為出迴氣之路。凡氣入缸內。運動鞲鞴之後。其迴氣復由氣路而出。轉入氣罨之扇面窩。而入中孔。由谷槽而達至氣缸之空膛。直向通天軸

中長孔而出矣○盒底有槽如(傳)○對合氣缸子口○內墊壓皮圈○以防洩氣○

問氣罨何用○◯答曰○氣罨藏於氣罨盒之淺盂○邊有扇面孔如(聲)○為進氣之處○旁有淺槽如(虛)○為扇面孔與氣罨盒之氣孔閉絕時○則鏵鎞只行至半路○以助後平路之漲力○旁有扇面窩如(堂)○為洩迴氣之處○中有方眼如(習)○套入曲拐頭之方筍○隨拐軸旋轉○使氣由氣孔入此氣缸○推動鏵鎞○以行駛魚雷○而彼氣缸之迴氣○即由扇面窩而出○循環運行不息○惟氣罨受力最大○壓磨氣罨盒之面○易致損傷○故方眼底鑲焊鋼塊○與拐頭方筍之鋼釘相抵○使其罨有微隙○庶免此弊○罨背有

凸乳如(聽)以抵罨蓋之乳使其旋轉靈便也平面上鑲五金塊使其光滑經磨而無阻滯也另有數淺槽爲通油之路

問氣罨蓋何用( )答曰氣罨蓋週邊有九孔如(禍)以受螺釘鑲於氣罨盒之螺眼下有螺嘴如(因)爲旋接三叉分氣管以通分氣櫃之氣中有深窩如(惡)爲藏氣罨之地位底有圓乳如(積)以抵罨背之乳使氣罨轉動靈便上有陽筍如(福)套入氣罨盒之槽內墊壓皮圈以防洩氣

問通天軸何用( )答曰曲拐與通天軸原分兩節前節爲曲拐後節爲通天軸以螺絲旋合而成如(緣)另有螺鍵如(善)以定之用錫焊固以免悮脫之虞曲拐前端有方筍如(慶)以套合

北洋魚雷營總管都司黎晉賢繪纂

氣罨之方眼方筍之角鑲焊一鋼釘以抵氣罨之壓力（尺）為拐軸以套合三軸瓦軸瓦上接搖桿當鑄錍行動時則搖桿與三軸瓦抱拐軸而旋轉以運動葉輪此軸前受氣罨之壓力又有三鑄錍之橫推力任力甚大故工料須極精研始克經用約能受四十倍天氣壓力而不改變為最少之限通天軸有空膛如（壁）以洩三氣缸之迴氣且借氣推水之力以助魚雷之速率軸之中腰有兩槽如（非）為受方銷以套合前坡輪後有兩槽如（實）亦受方銷以套合後葉輪尾端有螺紋如（寸）為旋螺圈以緊葉輪之用此十者行輪機內之具也

問小鑄錍缸何用（○）答曰小鑄錍缸中有膛如（陰）以盛小鑄錍

管前後口均有螺紋為旋螺蓋如(是)後蓋之中有孔以套挺桿恐其洩氣故有螺嘴如(競)為受螺蓋以壓緊墊圈並輭墊使不洩氣後蓋下邊有鼻如(資)鼻端有孔為掛雙銅臂缸之後端有三耳如(父)耳各有孔套鑲於浮力艙大蓋三螺柱內膛前後各有氣眼如(事)轉通氣槽如(君)為進氣之路(曰)為氣膛恰套合分氣管下有螺嘴如(嚴)為旋接三叉氣管由此進氣於氣膛而入氣槽以運動小鑄錍管也氣膛前口有象鼻鼻端有孔如(與)以鑲合琵琶拐另有小孔為受螺釘以旋緊分氣軸準如(敬)此準之用為分氣軸進退之準則若有不合則加減準內小槽以消息之

北洋魚雷營總管都司黎晉賢繪纂

問小鞲錍管何用〇答曰此管製極光滑藏於小鞲錍缸內為受氣壓力進退以運動升降舵內有隔堵如（孝）中有螺孔以旋受挺桿如（當）挺桿後端有螺絲旋接拉舵長桿其小孔為受銷子以接連雙銅臂管後截有空膛如（竭）為容撐鑽之處前截鏇空其中使其前後輕重為均管外有淺槽六週如（力）為通油之路

問分氣管何用〇答曰分氣管之用為節制進氣之準使小鞲錍管進退有度也凡氣力為直抵之性若無此管以主之則無論活銅餅及擺鉸行路之多寡推動分氣軸氣入缸內壓小鞲錍管由此端直抵彼端致舵葉升降甚大則魚雷亦因

北洋魚雷營總管都司黎晉賢繪纂

之而升降。深淺實難準矣。惟有此管以制之。則活銅餅擺鉈行半路。小鏄鎞管亦只行半路。而不能再多。蓋分氣管連於雙銅臂。而雙銅臂接連小鏄鎞管之挺桿。故小鏄鎞管進前。推動分氣管向後。小鏄鎞管退後。則帶動分氣管向前。以閉絶進氣眼。使小鏄鎞管前後壓力維均。故定而不動。理甚精與。此管套合小鏄鎞缸之氣膛。管內有直通之道。為套分氣軸。內外均有槽三週如(忠)。週各有小孔以通氣管之後口。釘連搖桿如(則)。搖桿後端有眼。釘連雙銅臂下端之孔。如(盡)。雙銅臂有上中下三孔。上孔接連小鏄鎞管之挺桿。中孔套掛於小鏄鎞缸後蓋之鼻。其上節與下節如二與一為比例。凡

小鞲錍管行動六窰里○則分氣管行動三窰里也○

問分氣軸何用○　答曰○分氣軸套入分氣管中○以分氣入小鞲錍缸○推壓小鞲錍管○以運動升降舵○前有曲口如(命)○以啣琵琶拐○中有深槽如(臨)○為進氣之處○上有兩圓肩如(深)○恰對合分氣管前後兩槽○以節制分氣管之氣○分氣軸向前○則啟前氣眼○氣由前氣槽而入○推小鞲錍管向後行○則舵葉反下○魚雷亦向下而行○若分氣軸向後則反是○圓肩前後兩截有槽如(履)○為洩迴氣之處○

問琵琶拐何用○　答曰○琵琶拐上有圓頭如(薄)○啣入分氣軸前端之曲口○拐之右邊連圓軸如(夙)○套入小鞲錍缸象鼻之圓

孔○為活動之用○軸端有方筍如（興）○以鑲合秤桿○使升降桿行動時○帶動秤桿並琵琶拐○以進退分氣軸○而主升降舵也○

問秤桿何用○　答曰○前截為扁臂○臂端有圓眼如（溫）○為受銷釘○以鑲連○定桿架○中有方孔如（清）○為套琵琶拐軸之方筍○後截為圓桿○上套秤錠如（似）○此錠能進退於秤桿○以權升降桿之輕重○使其平正而無偏倚○其為用也○為定全雷之時○所畫舵葉升降各線○其上下第二線○係升降舵恰與架平○為最準之線○其上線距中線○必多於下線距中線○自十二窑里至二十窑里為度○而不可加減○若過二十窑里○則將秤錠退後○若不及十二窑里○則將秤舵畧向前以消息之○錠底有小螺鍵如

北洋魚雷營總管都司黎晉賢繪纂

(蘭)為定秤鉈之用。

問定桿架何用。答曰。定桿架。分上下兩架。上架後端有螺孔如(斯)。以旋合升降桿前端有圓孔。為受銷釘如(馨)。以接連下架前端之圓孔。下架後端有鉗口如(如)。以接連秤桿前臂之眼。使升降桿行動時。以進退分氣軸啟拉舵機之氣眼。以運動升降舵。架之中均有螺孔。上架孔大而下架孔小。以受總螺絲如(松)。此螺絲上截為粗絲而下截為細絲。其為用也。為定活動餅以運動升降舵。其舵葉升降或有不合。則旋轉總螺絲。伸縮上下架以定準之。若舵葉向上度數大於向下之度數。則用方口起子鉗入螺絲方頭如(之)。向左旋轉畧伸開

其上下架○以至恰準為度○若舵葉向下度數○大於向上度數則反是○

問升降桿何用○◯答曰○升降桿中有圓孔如（盛）○掛於三角拐之帶軸為傳活銅餅及擺鉈行動之力○而啟拉舵機氣眼○以運動升降舵○下端有螺絲如（川）○為旋接定桿架○其上節亦有螺紋如（流）○以旋升降盤○惟上端畧作方形○以管定盤餅○使定盤餅壓緊升降盤○不能轉移○且可受方口起子為合卸之用○

問升降盤何用○◯答曰○升降盤為定平升降舵之用○中有螺孔如（不）○旋入升降桿上節之螺絲○盤腰有槽如（息）○以受定舵鉤○當定雷之時○將定舵鉤鉤入此槽○試驗升降舵是否與架面

北洋魚雷營總管都司黎晉賢繪纂

○平若舵畧高於架面○則將此盤向左旋轉○使升降桿漸向下○而舵亦畧向下○至與架平為度○若舵低於架面則反是○盤上面有四小眼○為受定盤餅之兩釘○其用四眼者○為便於安置也○

問定盤餅何用○〇答曰○此餅以銅片為之○下有兩釘如淵○以插入升降盤面之小眼○中有半圓方之眼如澄○套合升降桿上節之方形○以管定升降盤不能旋轉○另有小螺眼如取○為受螺提合卸之處○此十者○拉舵機之具也○

問何謂氣門機○〇答曰○氣門機○為司啟閉氣門○收氣用氣之具○內分三節○前節下端有方眼如映○鑲於撥軸之方筍○中有蔕

軸如（容）。接連四方拉條。專為閉氣門停雷之用。上端有圓孔。鑲連方長桿之合肘如（止）。長桿後端有合肘。接連後節上端之眼如（若）。其下有圓孔如（思）。鑲於浮力艙上之機槽。氣門機拉向後。帶轉撥軸之蒂向前。抵開大氣舌以進氣。拉向前。則撥軸之蒂向下。而鋼鐀壓緊大氣舌。以閉氣門。若用氣行雷。亦拉機向後。使氣外出而用之。

問水門制何用。○答曰。水門制以銅片為之。下有長方圈如（言）。為掛水門鈎。中有圓孔。套於撥舌軸左端之螺絲。上端通出銅殼上之小槽。凡平常操雷。水門制向前。則下端長方圈向上。掛起水門鈎。而水門蓋恆閉。若臨敵時用雷。將水門制扳

北洋魚雷營總管都司黎晉賢繪纂

向後○則長方圈向下○而水門鈎鈎入水門蓋之方耳○俟雷行足所定之數○停雷桿拉轉右臂向後○而右臂與偏心蒂軸轉向前○帶動水門鈎○以開水門蓋也○

問運油壺何用○◯答曰○運油壺為貯油之用○壺分前後兩截○接以螺紋如(辭)○用錫焊固○前端有方筍如(安)○中有兩孔○用兩螺丁鑲連於分氣櫃之方角○另有小孔如(定)○孔口鑲焊小銅管○套合分氣櫃之通槽○為通油之處○後端鑄連銅嘴如(篤)○內鑲焊紫銅管○上端另鑲焊螺嘴如(初)○是為進油管○中有螺塞如(誠)○臨用雷時○須先開螺塞○裝滿油後○隨即閉之○螺塞項下○墊壓皮圈○以免洩氣○進油管之旁○焊一小管如(美)○小管之端有

螺母為接連中氣管螺嘴以通氣使氣力逼壓運油壺之油○分潤各機○運油壺左旁有耳如（慎）○中有孔○以受螺釘○鑲連聚氣櫃上螺眼之用○

問樞紐架何用○答曰○樞紐架○為定舵鈎停雷肘桿○各件依附之主○架底係勾股口○旁面有兩眼如（終）○為受兩螺釘○緊旋於氣罨盒上之平方座○架上有橫孔如（宜）○為置樞紐軸之用○架前有扁筍如（令）○筍中有圓孔○為受釘軸○以鑲合定舵鈎○

問樞紐軸何用○答曰○樞紐軸○套於架上之橫孔○左端有方筍○為鑲合左臂如（榮）○左臂平面上有偏心蔕軸如（業）○為套連水門鈎○上端之蔕軸如（所）○為接連氣門拉條○具右臂與軸係相

北洋魚雷營總管都司蔡晉賢繪纂

連鑄成。下端有蒂如基。活套於停雷肘桿之長槽。此段之設。專為閉氣門之用。臨放雷之時。氣門機拉向後。帶動左臂向後。右臂向前。右臂下端之蒂。緊靠停雷肘桿長槽之前。及雷行。足所定之數。停雷鑌向後撐。拉動停雷桿。並停雷肘桿向後。帶轉右臂向後。左臂向前。氣門機亦隨之向前。而閉氣門。

問定舵肘桿何用。答曰。定舵肘桿前節為方條。後節為圓管。中連合肘如藉。為活動之用。前端有圓孔如甚。為接連定舵鈎。右端之蒂。軸後端管內有螺紋如無。以旋接定舵桿。此肘桿之設。專為定舵輪行足所定齒數之時。而傳定舵桿之力。以拉開定舵鈎。

問定舵鈎何用。（　）答曰。定舵鈎中有曲口如（竟）。上下各有孔。以受丁軸。鍵於樞紐架前端之扁筍。右端有蒂軸如（學）。為接連定舵肘桿之用。左邊有鈎口如（優）。以鈎定升降盤。其為用也。凡魚雷由雷礮射入水時。恆有震動之性。則雷行於水。恐有偏斜之患。故以此鈎管定升降盤。使升降桿各件皆居中。而閉拉舵機前後進氣之眼。則舵平直而行。及雷行足定舵輪所定之數。即如三十或五十密達遠。震動之性已過。而定舵輪之偏心蒂軸。撥動定舵桿向後行。使定舵鈎離開升降盤。則舵乃可升降運動。庶免偏斜之患。若雷箭平直在水下放。雷無此難事也。

北洋魚雷營總管都司黎晋賢繪纂

問停雷肘桿何用。◯答曰。停雷肘桿。前有長槽如(登)。套合樞紐軸右臂之蒂。中有合肘如(仕)。為便於進退運動。後有螺管。旋連停雷桿。為停雷鐼撐向後。時帶轉右臂向後。以閉氣門也。

問水門鈎何用。◯答曰。水門鈎用鏻銅鑄成。前端有孔如(攝)。套於左臂上偏心蒂軸。後端有曲鈎如(職)。為鈎水門蓋之用。

問水門蓋何用。◯答曰。水門蓋。前有方耳如(從)。以入水門鈎。蓋邊坡形與浮力艙大蓋水門之坡口切窑。以免洩水。蓋之後端有圓桿。為套入水門三角圈之眼如(歐)。尾端有螺紋。旋以螺母。內壓一撐鐼。以緊閉水門。此蓋之用。為攻敵之時。擊而不中。則俟魚雷行足所定遠數。停雷之時。鈎開水門蓋。以進水入浮力艙。使魚雷沉下。既免本船悞碰之險。又免為敵所得。若操雷之時。萬不可加鈎。須焊緊水門制。以防走失。

問護桿銅制何用。答曰。銅制上面有一圓釘。并一螺眼如存。鑲於艙殼面上左邊之小眼。下有方口如以。以夾護升降桿。因魚雷駛行水中。振摇甚動。恐升降桿脱離三角拐之蒂。則不能循活銅餅及擺鉈之行。向以運動升降舵。魚雷入水深淺。因之而無準。有此制之。庶免其患。方口之旁有螺眼如甘。為受螺提合卸之處。

問定舵鈎制何用。答曰。定舵鈎制係勾股式。上有兩螺眼。鑲合艙殼上如棠。下端有夾口如去。以為夾緊定舵鈎之用。因

雷初射入水時氣力極猛震搖甚動恐升降桿亦因此而震動悞啟拉舵機之氣眼則升降舵不能平直而行致魚雷方向難準有此制以定之庶免此弊

問三叉分氣管何用　答曰氣管為通天氣缸之氣以運行各機其形如叉分左右中三管每管之端有螺母如而以接連各機之螺嘴右管接連分氣櫃之螺嘴中管接連氣罨蓋之螺管左管直通至拉舵機接連氣膛之螺嘴氣由分氣櫃螺嘴而入右管直抵中管而達氣罨盒再分達至左管以運動拉舵機各管接頭均墊以皮圈以防洩氣此十三者附於四大種之外者也

問此一節之機○分兩名之○四十三種○可謂繁矣○答曰○魚雷各節機器之繁○以第二第四兩節為最○蓋第二節借水力以主升降○第四節用氣力以主行駛○較定精奥之算法○亦在此二節○刱造者之心思○可謂巧奪天工矣○

魚雷圖説
問答

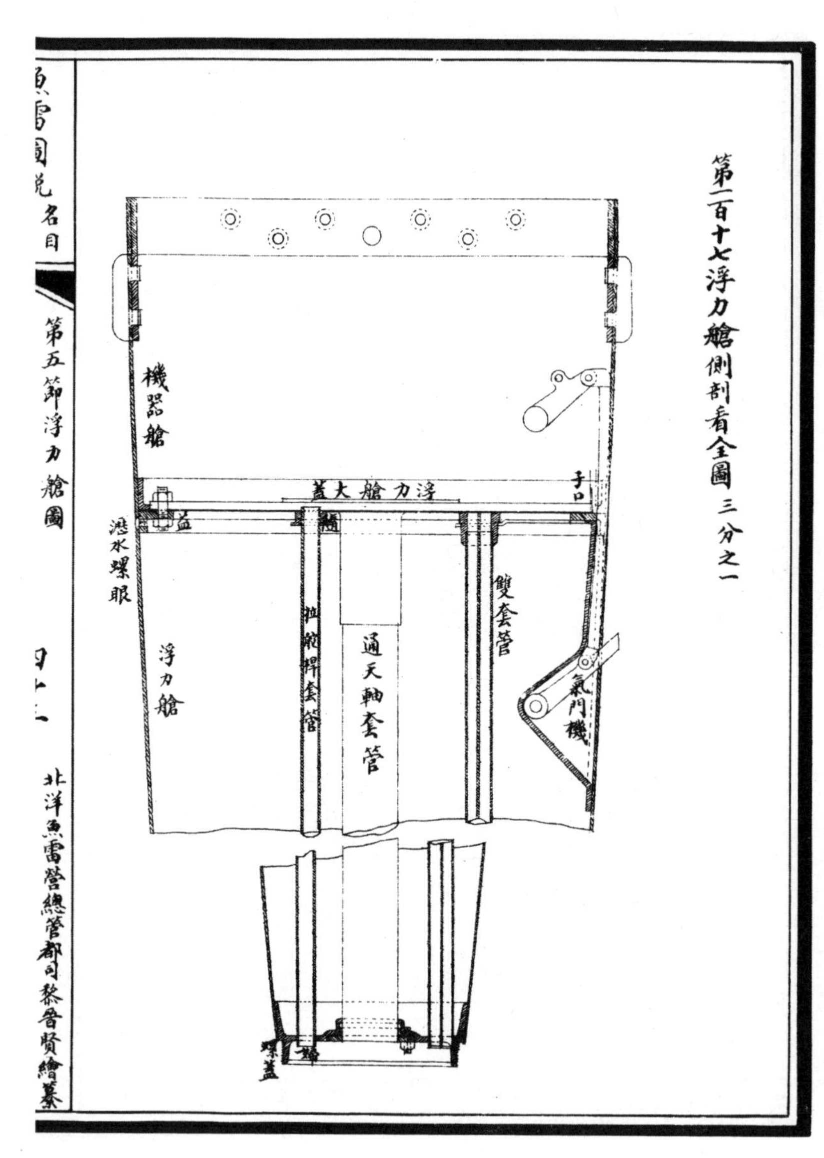
第一百十七浮力艙側剖看全圖 三分之一
魚雷圖說名目
第五節浮力艙圖
北洋魚雷營總管都司黎晉賢繪纂
機器艙
浮力艙大蓋
手口
瀝水螺眼
拉舵桿套管
通天軸套管
雙套管
浮力艙
氣門機
螺蓋

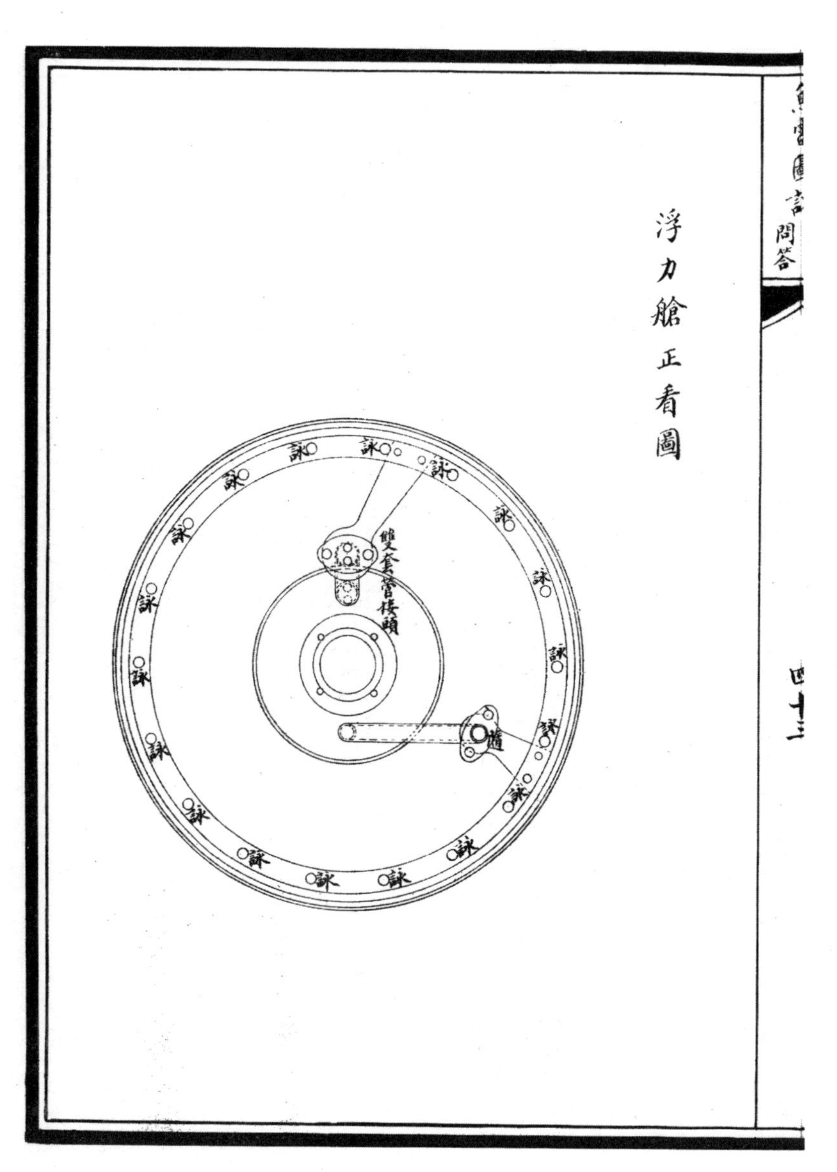
浮力艙正看圖
雙套管倰頭
魚雷圖說 問答
四十三

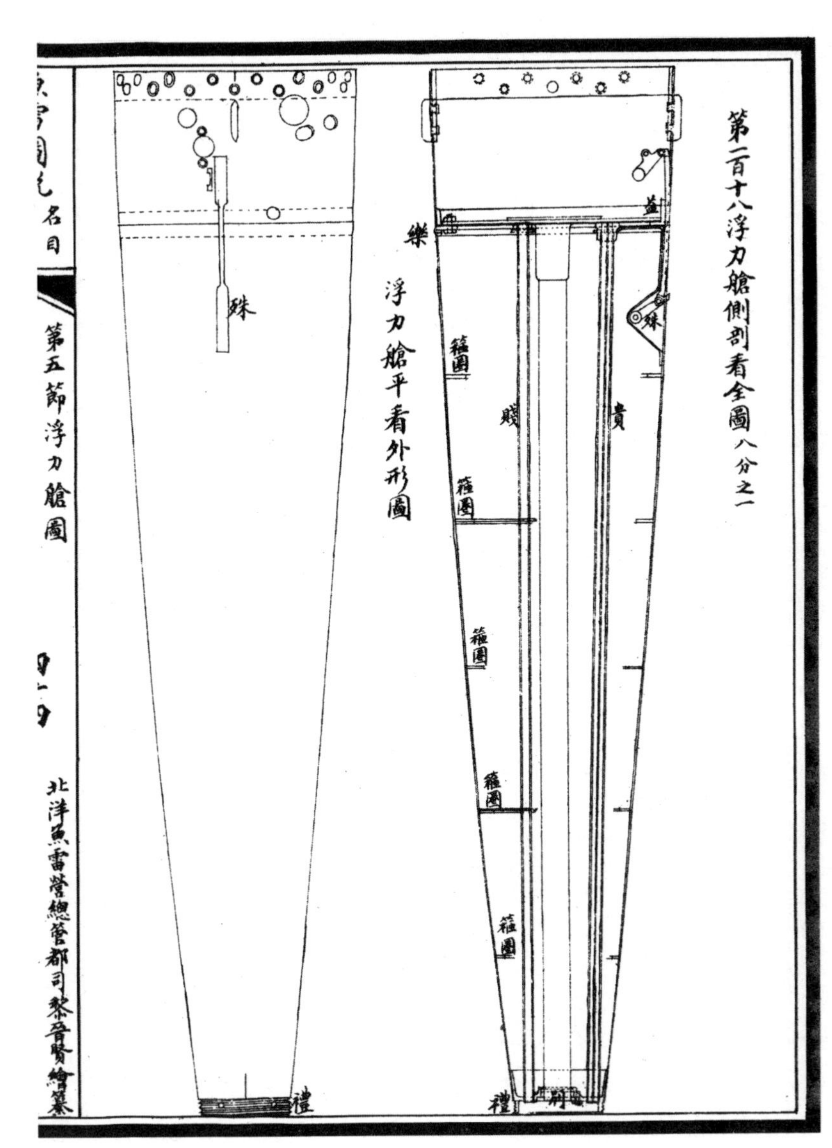
第二百十八浮力艙側剖看全圖八分之一
浮力艙平看外形圖
第五節浮力艙圖
北洋魚雷營總管都司黎晉賢繪纂
樂
殊
益
賤
貴
箍圈
禮
名目

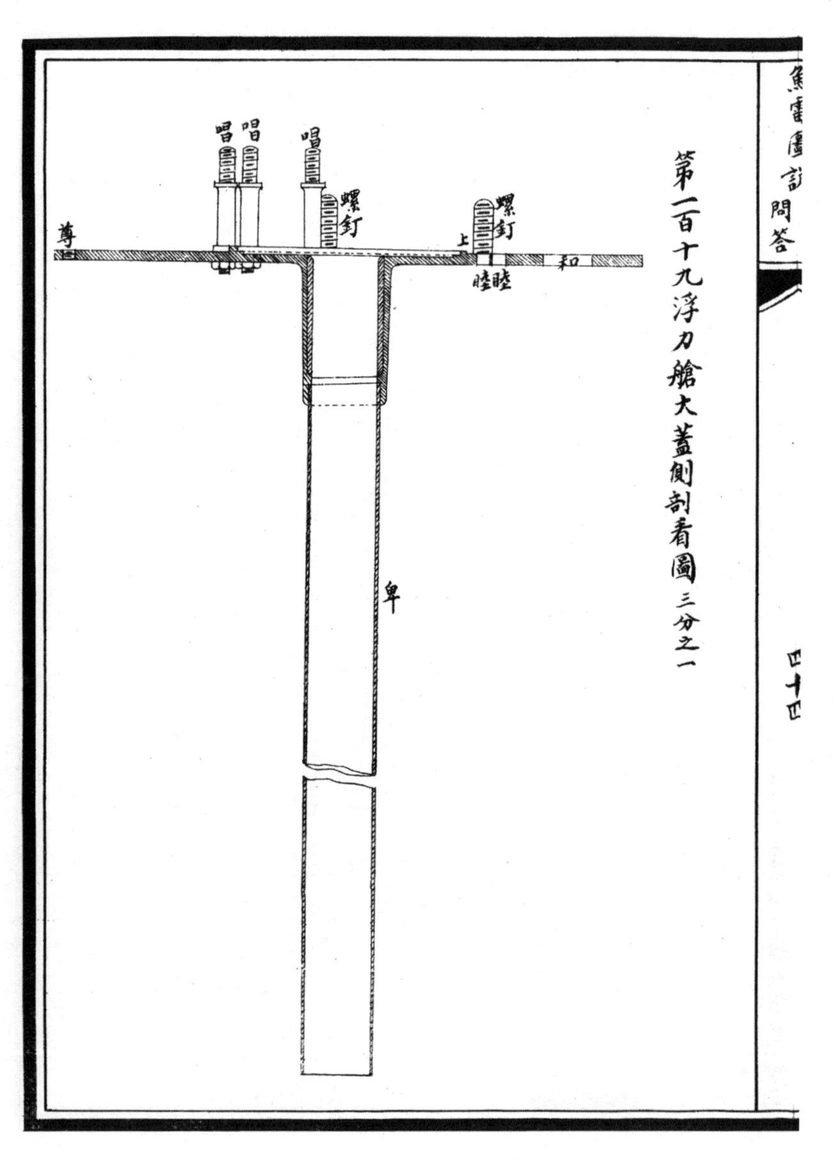
魚雷圖説問答
四十四
第一百十九浮力艙大蓋側剖看圖 三分之一
唱
唱
唱
螺釘
螺釘
上
導
和
睦睦
卑

魚雷圖說 名目

第五節浮力艙圖

北洋魚雷營總管都司黎晉賢繪纂

浮力艙大蓋正看圖

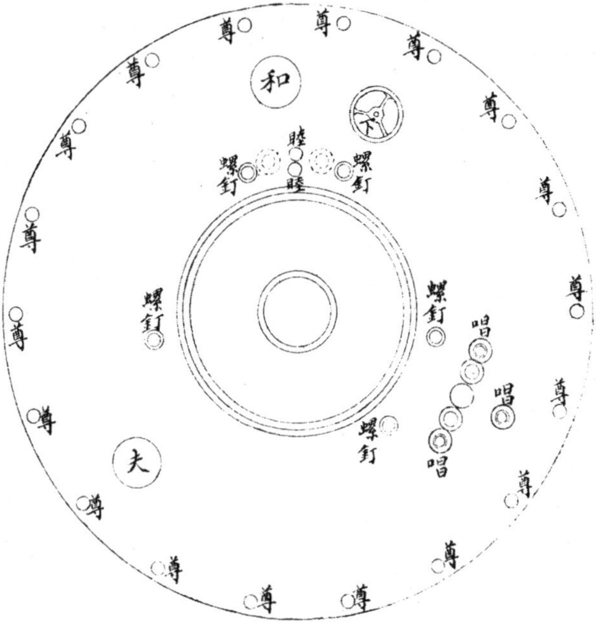

和 下 夫
螺釘 螺釘 螺釘 螺釘 螺釘
睦 睦
唱 唱 唱
尊 尊 尊 尊 尊 尊 尊 尊 尊 尊 尊 尊 尊 尊 尊 尊 尊 尊

第一百二十拉舵桿側看外形圖八分之一

第一百二十一定舵桿側看外形圖八分之一

第一百二十二停雷桿側看外形圖八分之一

第五節浮力艙說

凡物之在水中。視其質之輕重而浮沉焉。魚雷全體以銅為質。各節艙內載滿機器。雷身甚重。防魚雷不能上浮。故特作一空艙。以助浮力。故謂之浮力艙。前有大立蓋為置第四節機器生根之所。蓋上有水門。其用法前已詳言之矣。若平時操雷水門緊閉。俟雷停後。即向上浮。恍若魚之在水而浮沉自如也。艙內鑲焊箍圈五箇以襯之。以助撐力。另有套管兩根。左邊為拉舵桿套管。上端有一雙套管。此皆由第四節借路於此節。以達第七節之機具也。今繪圖六種。問答四條。

北洋魚雷營總管都司黎晉賢繪纂

魚雷圖說問答
四十才

第五節浮力艙問答

問浮力艙前後接連之法若何。◯答曰。浮力艙內膛中空。為增魚雷之浮力。其接連之法。與各節不同。前口釘焊子口如（益）。接連機器艙。以螺釘旋緊之後。用錫焊固。不能卸。合子口內週有螺釘十八個。如（詠）。為鑲合浮力艙大蓋之用。下有滬水螺眼。如（樂）。旋以螺鍵。預防操雷後。有水滲入膛內。則將螺鍵旋開以滬之。殼上有機槽。如（殊）。為氣門機進退之路。艙上邊鑲焊一雙套管。如（貴）。為通停雷桿。並定舵桿。左邊之套管如（賤）。為通拉舵桿之用。後口鑲焊螺蓋。如（禮）。以旋合四坡輪艙。螺蓋之中有圓孔。如（别）。以套合通天軸套管。圓孔內有淺盂。

北洋魚雷營總管都司黎晉賢繪纂

為受子圈壓緊橡皮圈以阻滲水

問浮力艙大蓋何用○答曰蓋於浮力艙之前口為第四節借安各機器生根之用週邊有圓孔十八個如(尊)套合子口之螺釘內墊橡皮圈外以螺母壓之以免滲水大蓋後邊鑲焊一長套管如(卑)為套通天軸之用前面有陽筍一週如(上)週邊有五螺釘以鑲合三角氣缸上有圓孔如(和)為罝總氣管之地位(下)為水門為受水門蓋放水入艙之處中有兩小孔如(睦)上孔為入定舵肘桿下孔為入停雷肘桿小孔左右有坡眼兩箇為受螺鍵旋連雙套管蓋之下邊向右有大圓孔如(夫)為安罝分氣櫃之處左邊有螺柱三根如(唱)為鑲合拉

舵機之用○

問拉舵桿套管何用○◯答○曰套管為通拉舵桿之用○而拉舵桿係由前節通後節之機○亦與借路於天氣缸者同理○若無此套管○則拉舵桿借路於浮力艙○所通前後兩蓋之眼○難免滲水之患○故必須用一套管以隔之○其後端用錫鑲焊於浮力艙之後蓋○如婦管之前端有橢圓接頭○如隨上下各有螺眼○為受螺鍵旋連於浮力艙大蓋兩螺孔○此螺孔與螺鍵磨合而成○以阻滲水○宜參看第一百十七圖

問何謂雙套管○◯答○曰雙套管亦前節通後節借路之具○非本體應用者也○管內焊薄銅片以隔之○分為兩半○故謂之雙套

北洋魚雷營總管都司林晉賢繪纂

管。上半通定舵桿。下半通停雷桿管之後端。亦鑲焊於浮力

艙後蓋。其前端之接頭。連於浮力艙大蓋。用法與拉舵桿套

管同。宜參看第一百十七圖

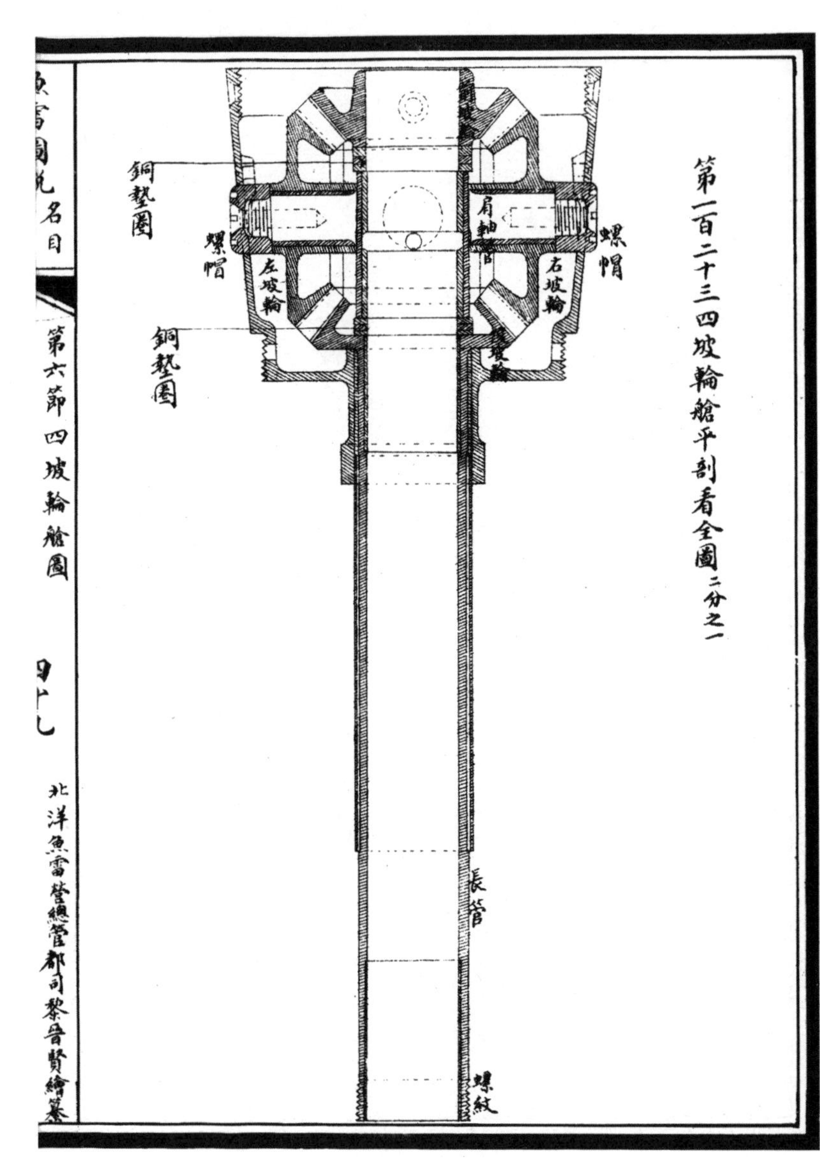
第一百二十三四坡輪艙平剖看全圖二分之一
銅墊圈
螺帽
左坡輪
肩軸管
螺帽
右坡輪
銅墊圈
長管
螺紋
雷圖說名目
第六節四坡輪艙圖
四十七
北洋魚雷營總管都司黎晉賢繪纂

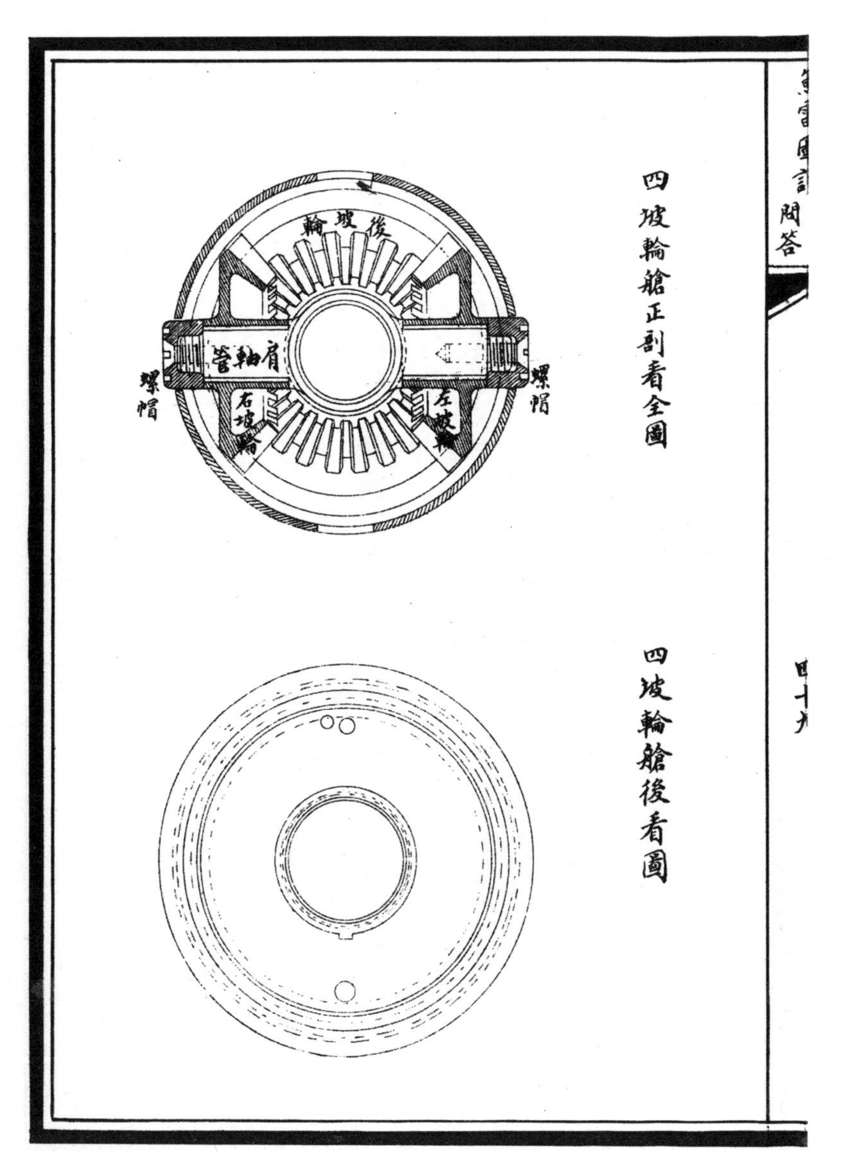

四陂輪艙正剖看全圖

四陂輪艙後看圖

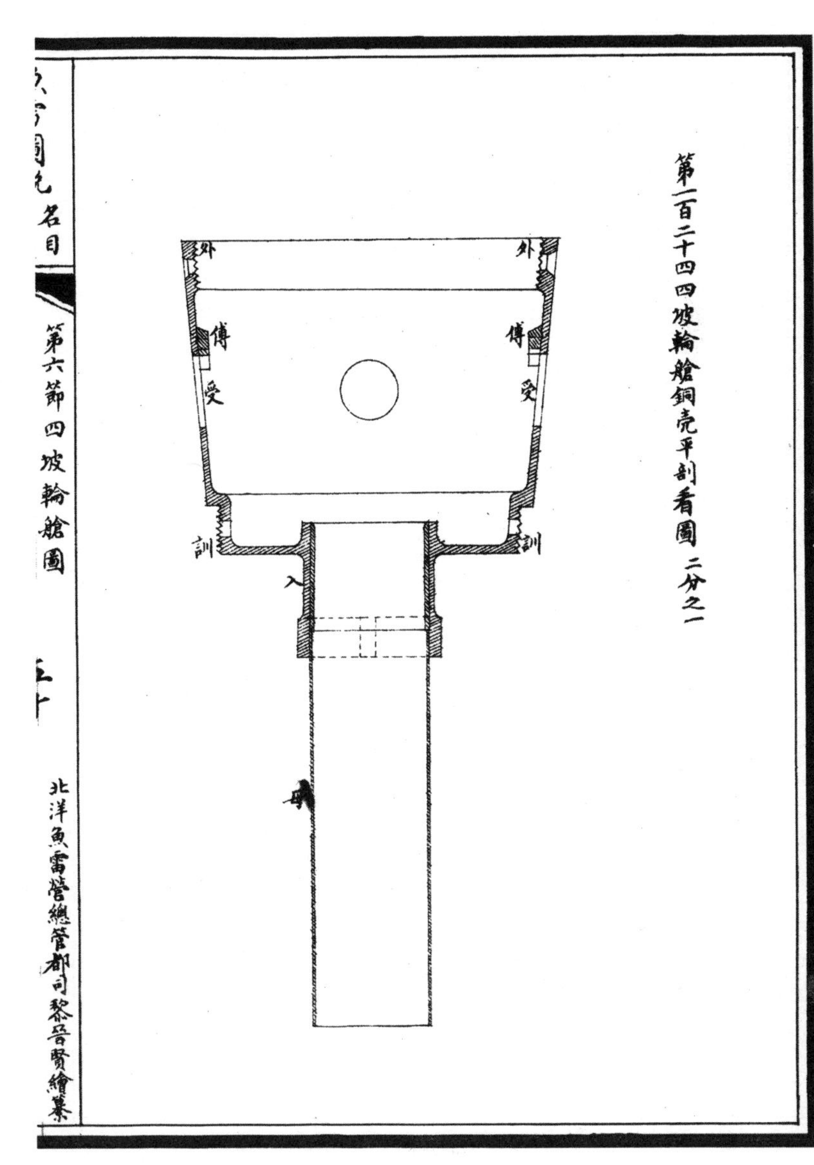
第一百二十四四坡輪艙銅殼平剖看圖 二分之一
外
外
傳
傳
受
受
訓
訓
入
第六節四坡輪艙圖
北洋魚雷營總管都司黎晉賢繪纂
名目

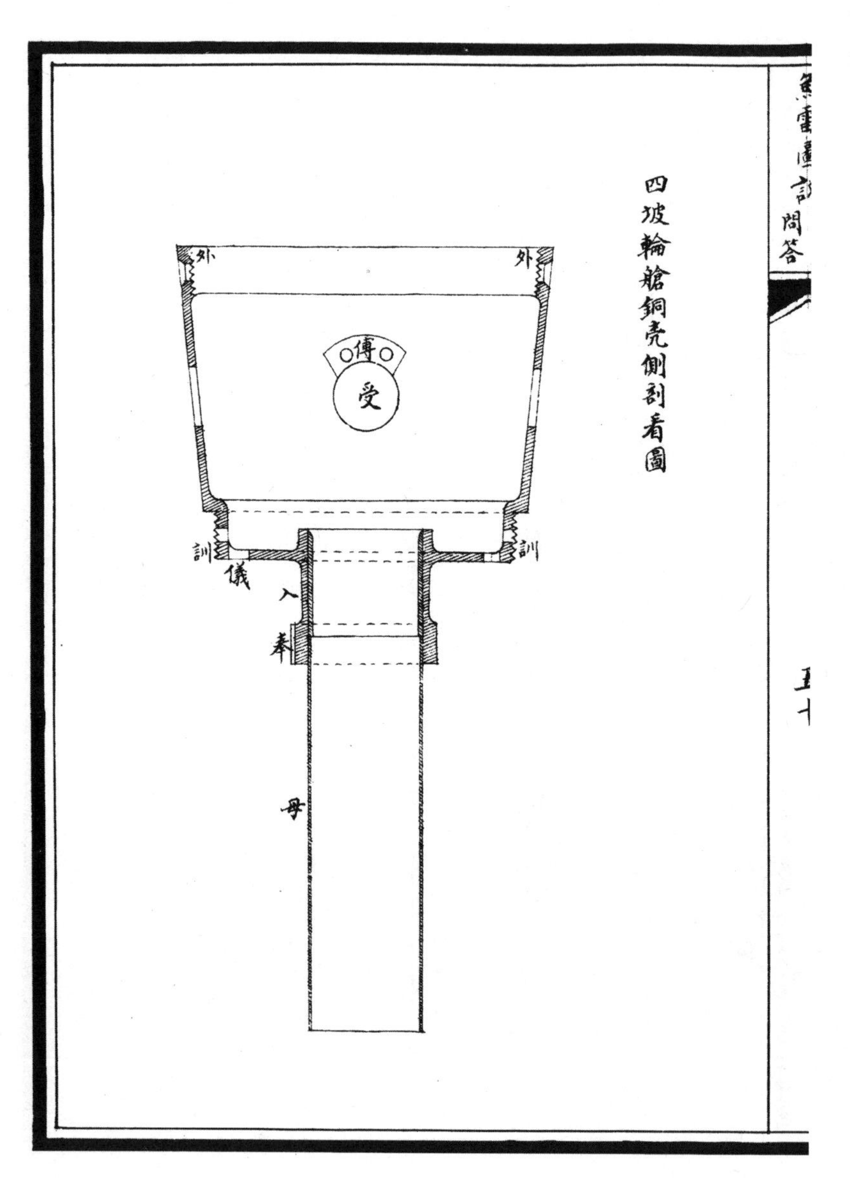
四坡輪艙銅殼側剖看圖
外
外
傳
受
訓
訓
儀
入
奉
母
魚雷圖說
問答

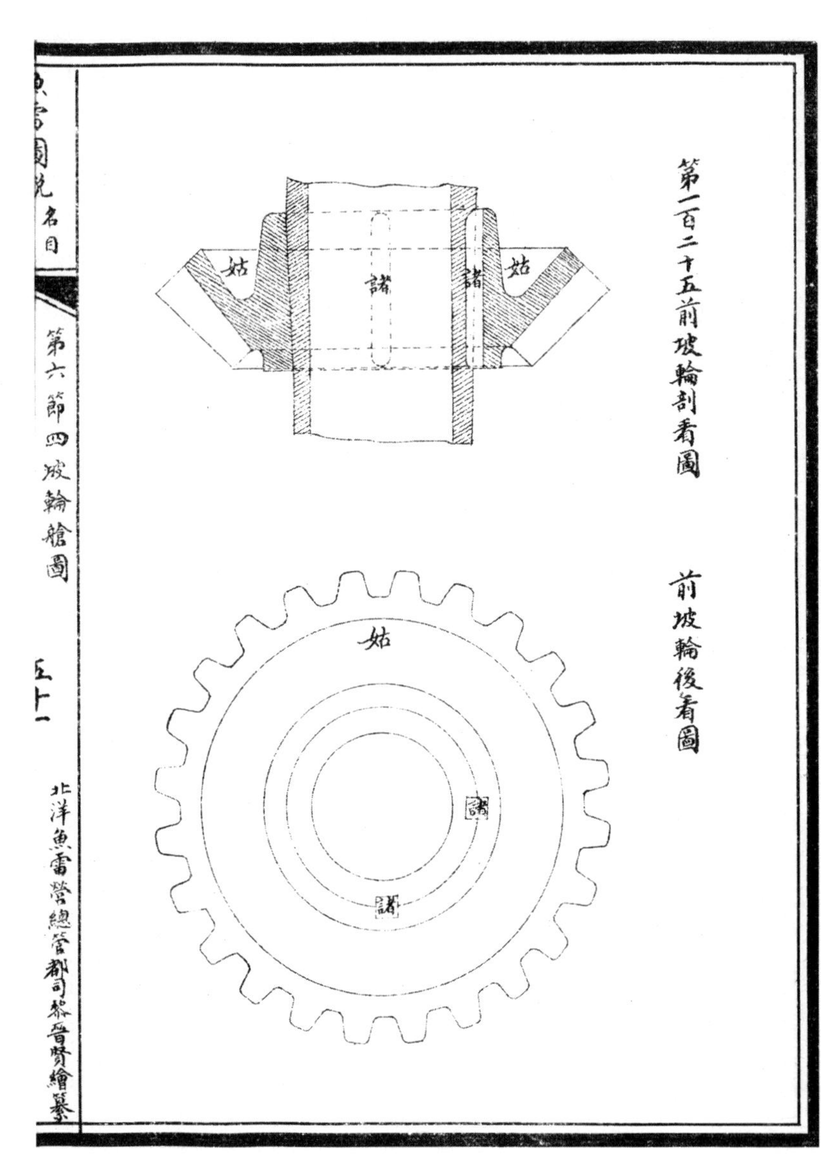

魚雷圖說名目
第六節四坡輪艙圖
五十一
北洋魚雷營總管都司黎晉賢繪纂
第一百二十五前坡輪剖看圖
姑
諸
諸
姑
前坡輪後看圖
姑
諸
諸

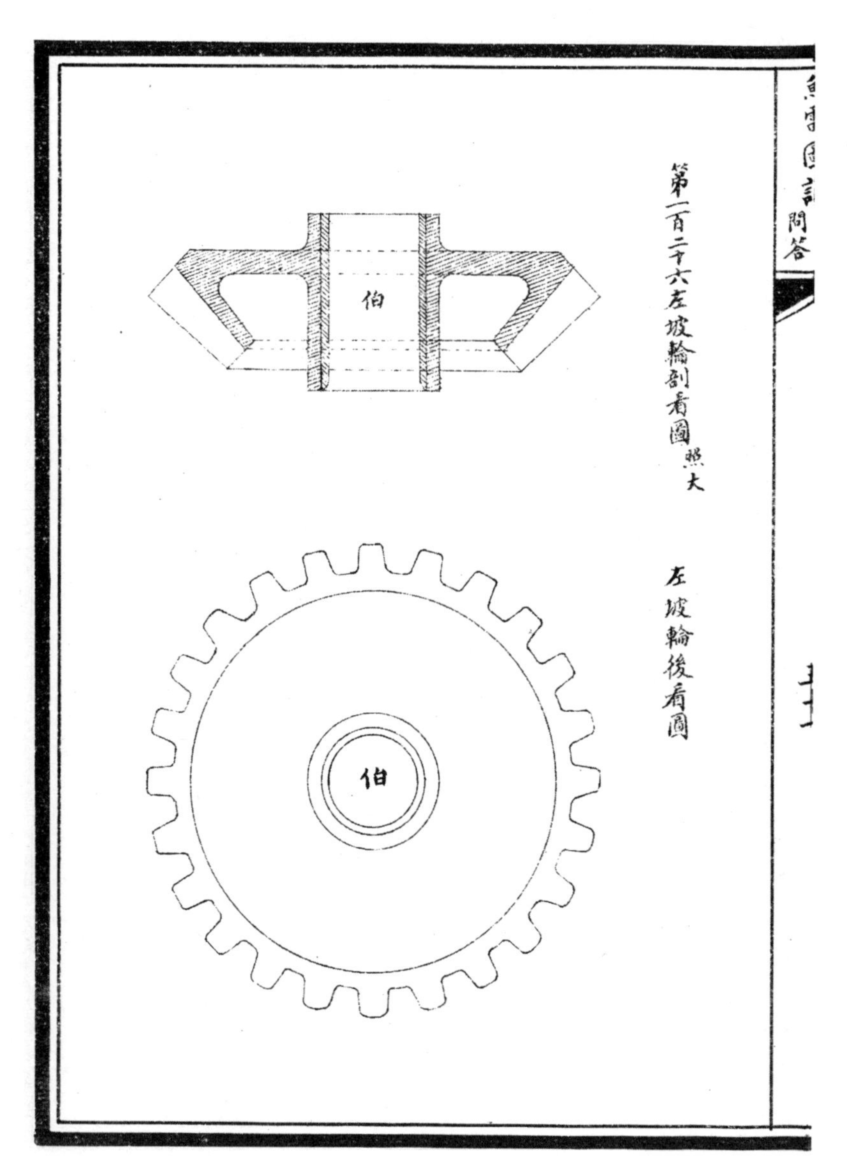
第一百二十六左坡輪剖看圖照大
左坡輪後看圖
伯
伯
魚雷圖說 問答

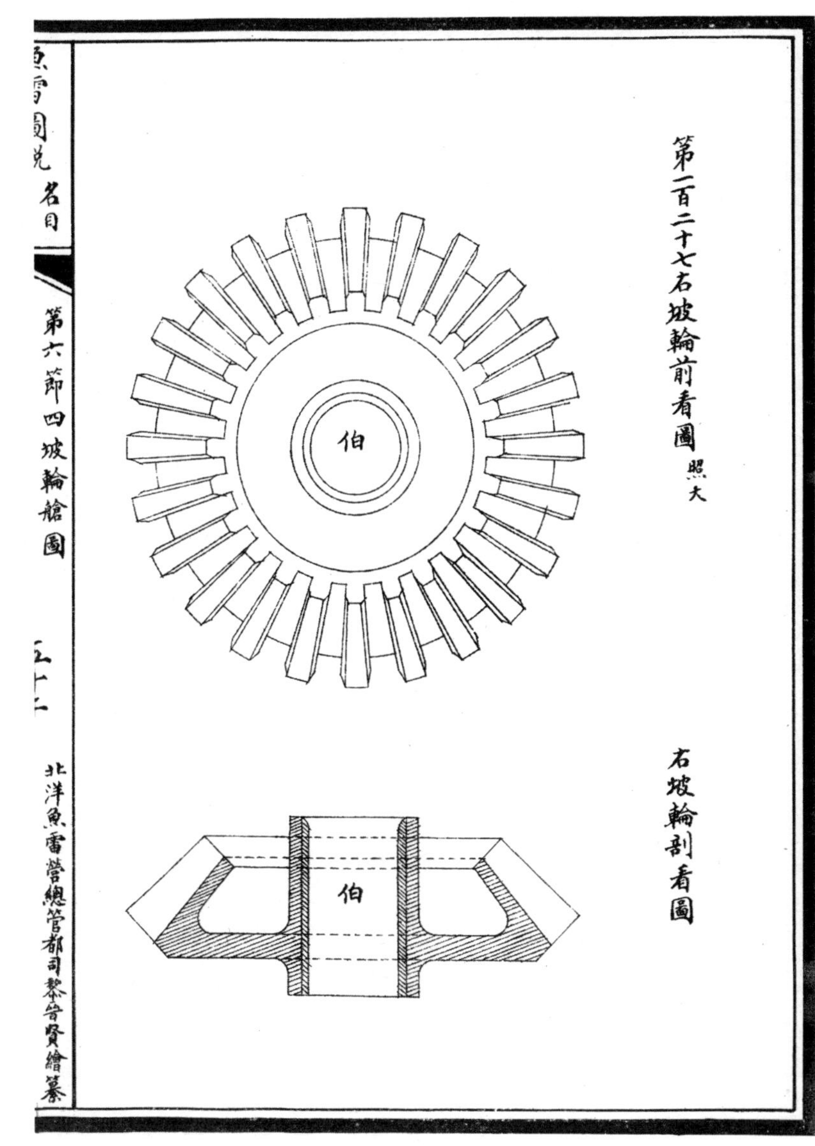
魚雷圖說 名目
第六節 四坡輪艙圖
五十二
北洋魚雷營總管都司黎晋賢繪纂
第一百二十七右坡輪前看圖 照大
伯
右坡輪剖看圖
伯

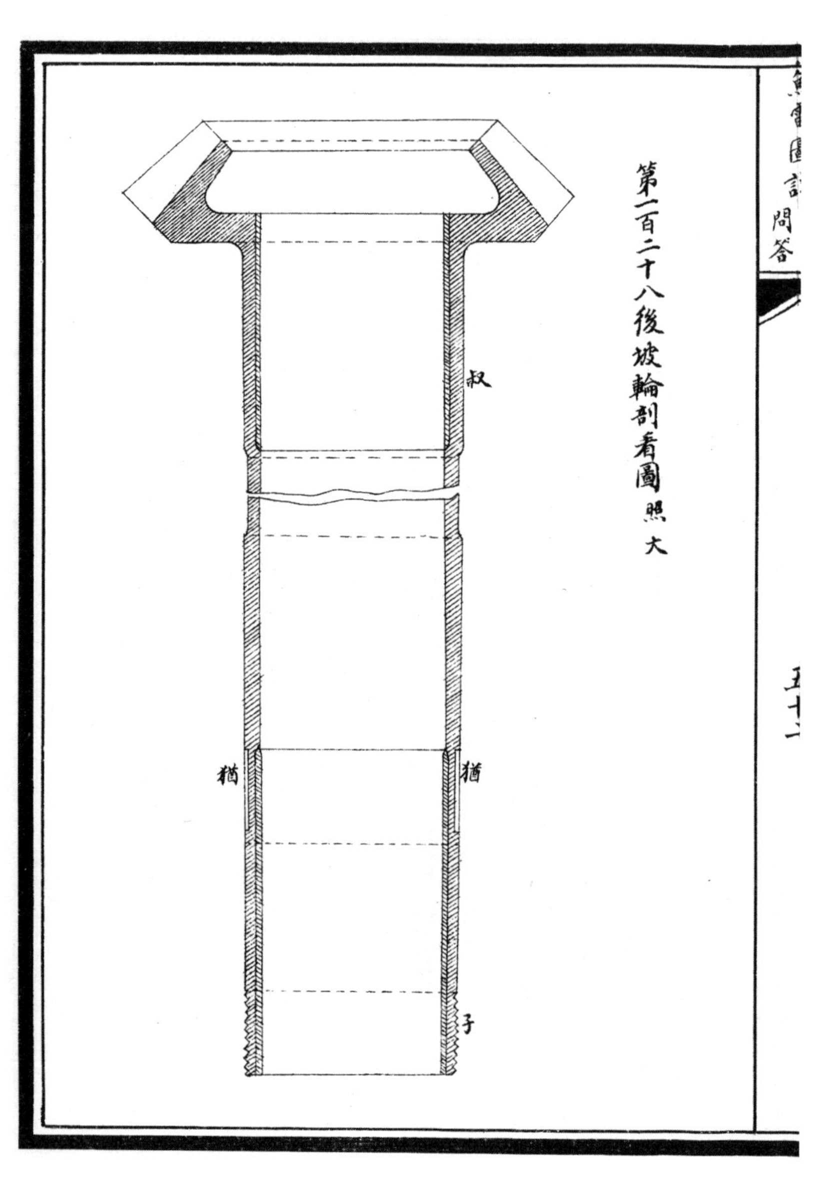

第一百二十八後坡輪剖看圖 照大

後坡輪前看圖

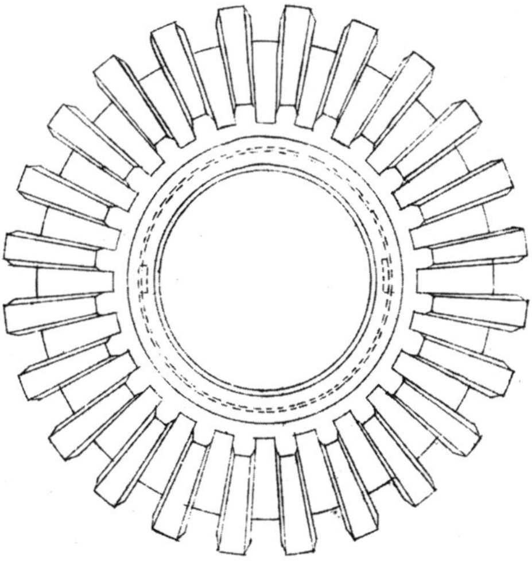

第一百二十九肩軸管剖看圖

二分之一

比 懷 比

肩軸管正看圖

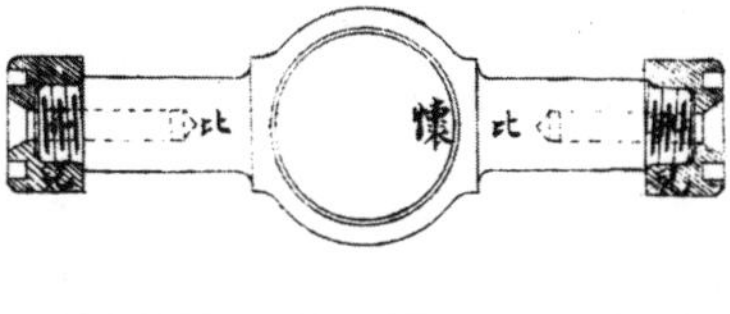

比 懷 比

第六節四坡輪艙說

四坡輪之為用。為魚雷駛行水中。使雙葉螺輪分左右旋轉也。凡船機行輪。若同一機器運動者。其葉輪隨拐軸而轉。即有雙輪。或皆旋左。或皆旋右。惟魚雷之雙葉輪。雖出一機器運動。而能使之一為左旋。一為右旋。乃坡輪之巧妙焉。四坡輪者。前後左右各一箇。四面相向。每輪合四十五度。前坡輪鑲合於通天軸。隨軸而轉。而肩軸管則活套於通天軸之上。左右有兩肩軸。為套左右兩坡輪。肩軸之端有螺筍。為受螺帽。以壓緊兩坡輪。使不能脱落。後坡輪居肩軸管之後。與左右兩坡輪相接。尾有長管。管端有螺紋。為旋合前葉輪。而肩軸管與前後坡輪相接

之處○各有銅墊圈三箇○以抵磨壓之力○既免肩軸管受傷○且易

於較定○當機器轉動時○通天軸帶前坡輪向左而轉○撥動右坡

輪向後○左坡輪向前○則後坡輪被左右兩坡輪撥動○故與前坡

輪相反而向右旋矣○因魚雷身圓而前後尖削○浮動甚靈○若兩

輪均向一邊○無論左右○則方向必偏○故創造者設四坡輪轉運

之○使前葉輪旋右○後葉輪旋左○水力平勻○則無偏向之弊○今繪

圖七種○問答五條○

第六節四坡輪艙問答

問四坡輪艙形式何如○是何用處○◯答○曰艙壳形如盔冑○前廣後削○前口內有螺紋如(外)○接合浮力艙後蓋之螺筍○左右各有圓孔如(受)○為套入左右兩肩軸之螺帽○使肩軸管不能旋轉○圓孔之前○各鑲一硬銅塊如(傅)○以擋後坡輪推向前之力○因後坡輪尾端鑲一前葉輪○而魚雷駛行水中○輪葉激水甚速○故前葉輪被水力所壓○推後坡輪向前○則肩軸管亦壓向前○其力甚猛○故鑲硬銅塊○以免艙壳受傷○壳後有螺筍如(訓)○週○有四螺孔○為接合十字架之用○尾端有圓管如(入)○與艙壳相連鑄成○管端有圓肩○為停雷鑽伸縮之限○下有凸乳如(奉)○

為套合停雷鑛筒之槽。使鑛筒能進退。而不能旋轉。圓肩內焊一薄銅管如（母）。為套停雷鑛之用。壳底下邊有圓孔如（儀）。為通拉舵桿。上邊有兩孔。一通定舵桿。一通停雷桿之處。

問前坡輪用法若何。〇答曰。前坡輪內有兩通槽如（諸）。對合通天軸兩槽。鍵以銅錠。使隨通天軸而轉。背有空槽一週如（姑）。為讓浮力艙後蓋螺釘之地位。週有坡齒二十四個。坡斜向後。御合左右兩輪。使機器轉動時。撥左右兩輪旋轉也。

問左右兩坡輪何用。〇答曰。兩坡輪為接前坡輪運動之力。而引後坡輪旋轉也。中有圓管如（伯）。套於肩軸管之上。坡斜向中。御接於前後兩輪之間。齒數與前後坡輪皆同。當前坡輪轉動時。撥動左坡輪轉前。右坡輪轉後。則後坡輪隨之而向右旋矣。

問後坡輪何用。答曰。後坡輪。齒數與前輪同。輪後有長管如叔。套於通天軸之上。坡齒向前。御接左右兩坡輪管上有兩小槽如猶為受銅錠。以鑲合前葉輪尾端有螺絲如子。為受螺圈。以緊前葉輪。使不脫落。而後葉輪則鑲於通天軸之上。故機器運動時。通天軸轉向左。則後葉輪隨之而轉。後坡輪則轉向右。故前葉輪亦向右而轉。一左一右。使其旋轉平勻。無偏倚之弊。

問肩軸管何用。答曰。肩軸管套於通天軸之上。居前後兩坡輪之中。左右各有肩軸如(比)為套左右兩坡輪之用。軸端有螺筍。為旋螺帽如(兒)以壓緊兩坡輪。螺筍中有小螺眼如(孔)為旋受螺鍵。壓緊左右兩螺帽以免有悞脫之虞。管內鑲焊五金片如(懷)以免相磨受傷也。

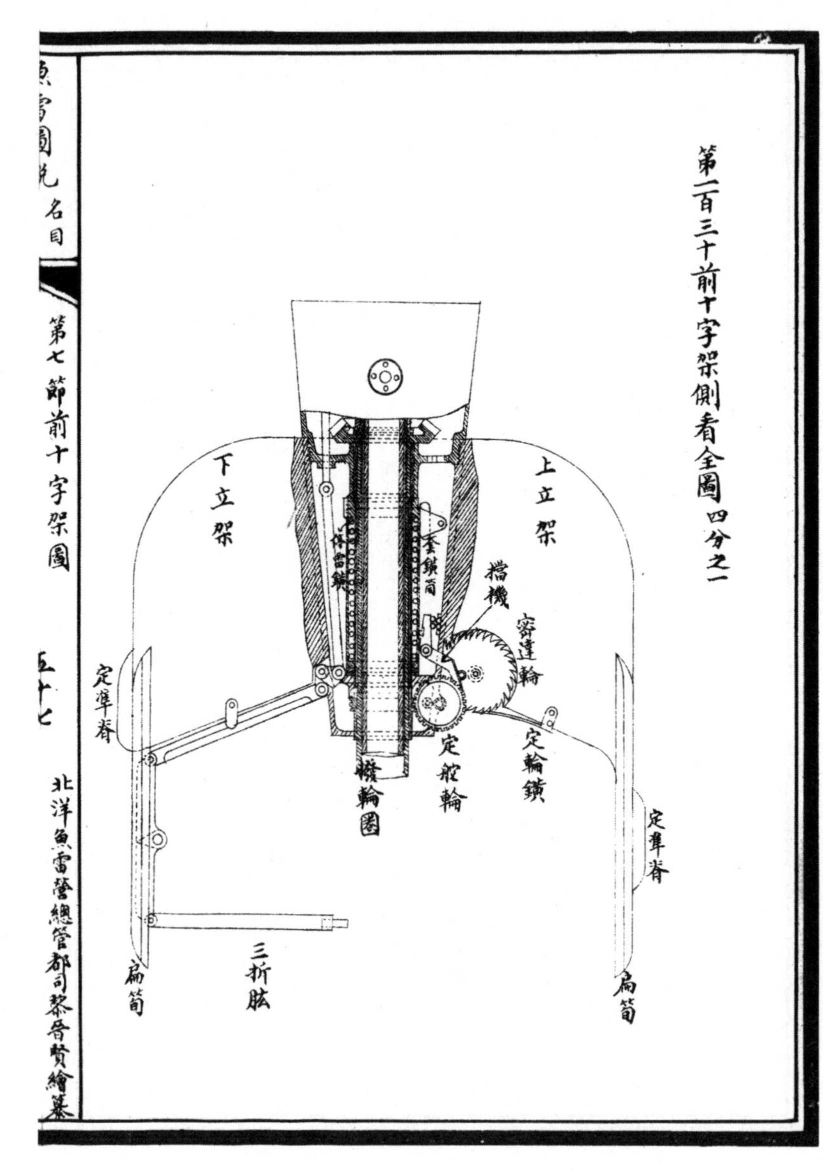
第一百三十前十字架側看全圖 四分之一
上立架
下立架
擋機
穿達輪
定準脊
定輪鏁
定舵輪
定準脊
扁筩
三折肱
扁筩
魚雷圖說 名目
第七節前十字架圖
五十七
北洋魚雷營總管都司黎晉賢繪纂

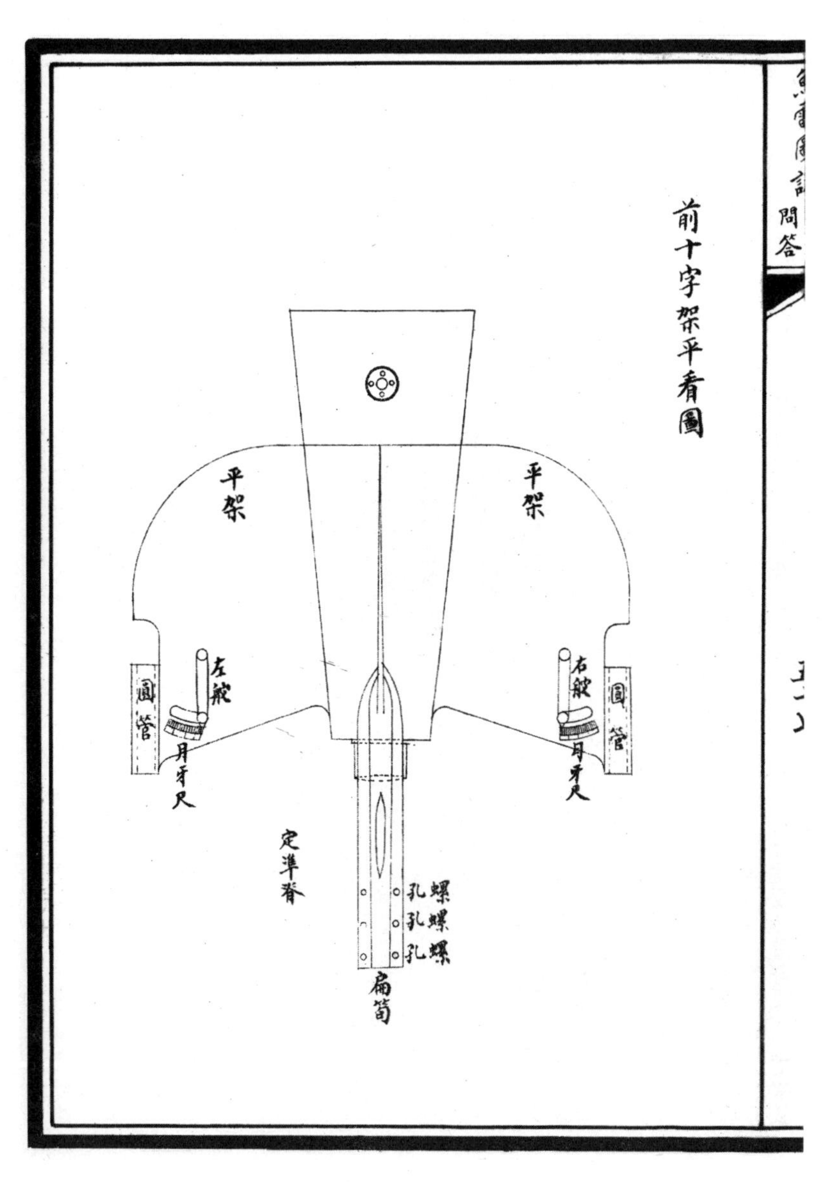
前十字架平看圖
平架
平架
左舵
右舵
圓管
圓管
月牙尺
月牙尺
定準脊
螺孔
螺孔
螺孔
扁筒

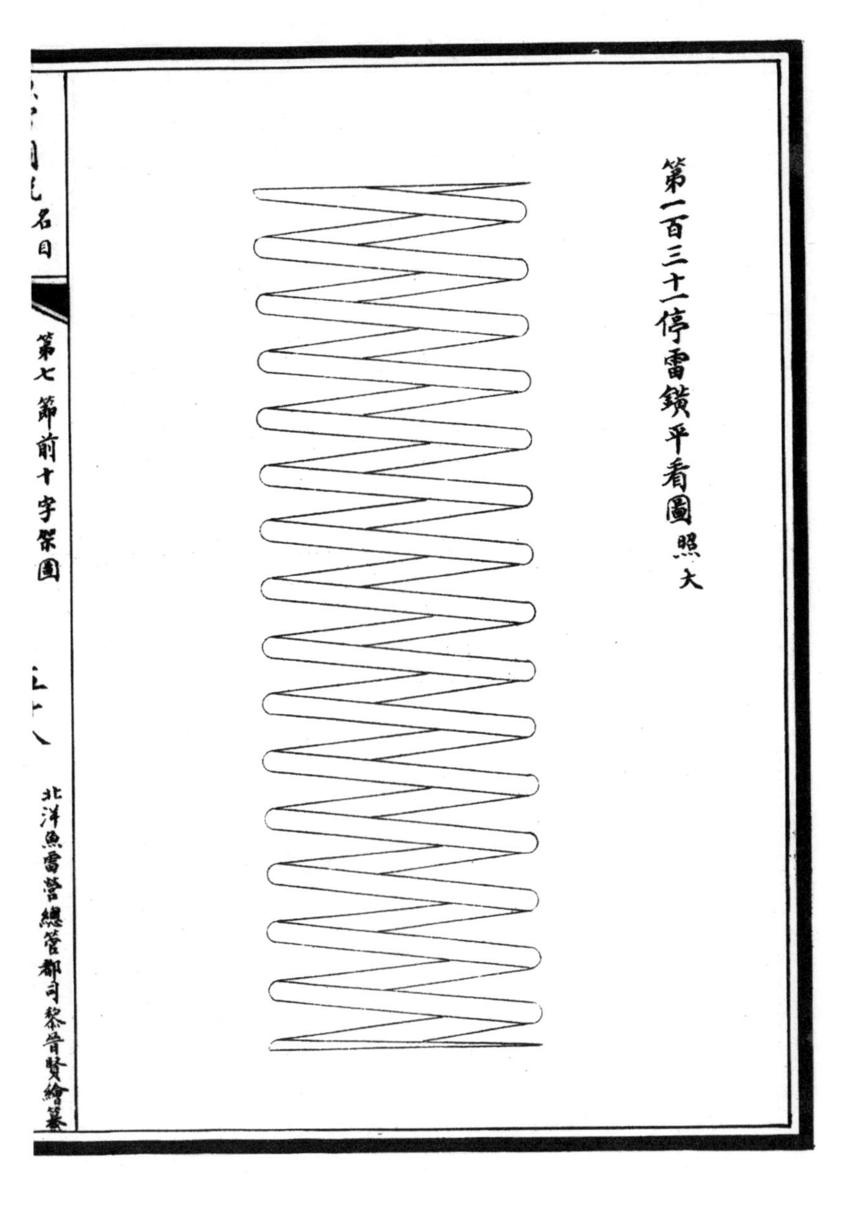
第一百三十一停雷鐄平看圖
照大
第七節前十字架圖
北洋魚雷營總管都司黎晉賢繪纂

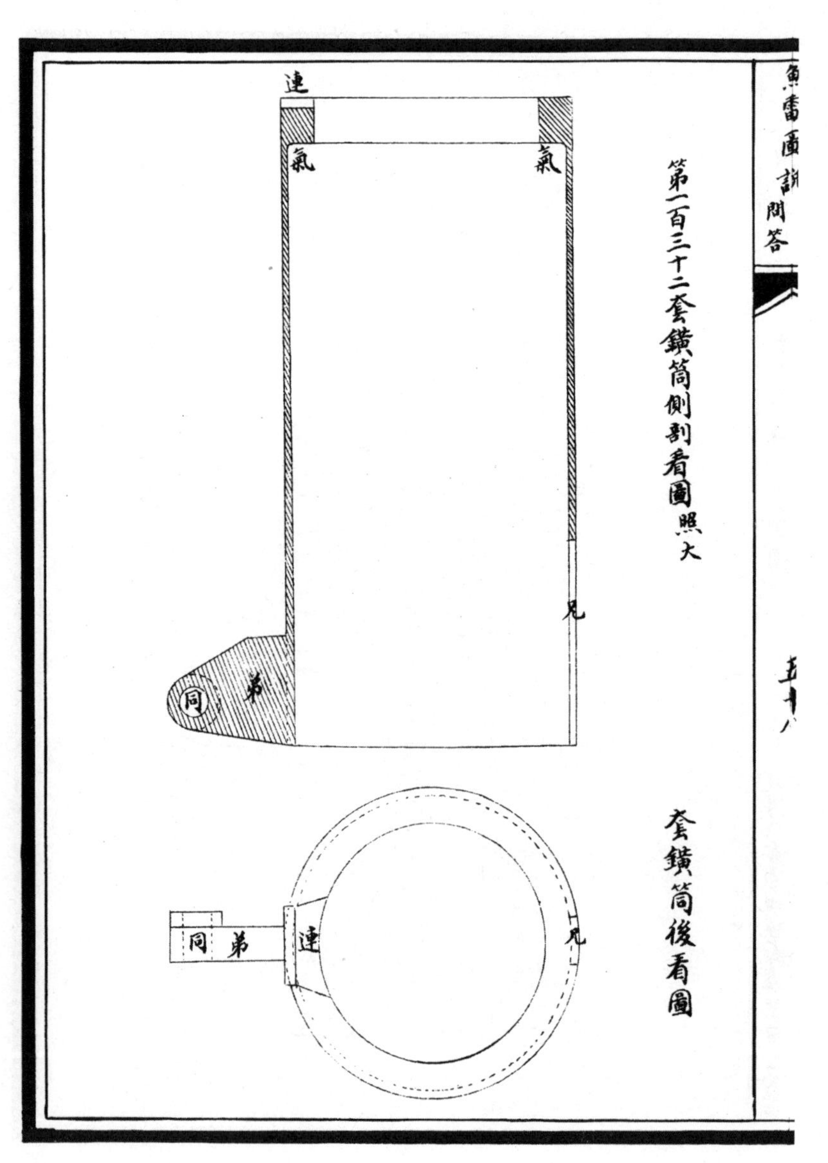
魚雷圖説
問答
五十八
第一百三十二套鐨筒側剖看圖照大
連
氣
氣
兄
弟
同
套鐨筒後看圖
同
弟
連
兄

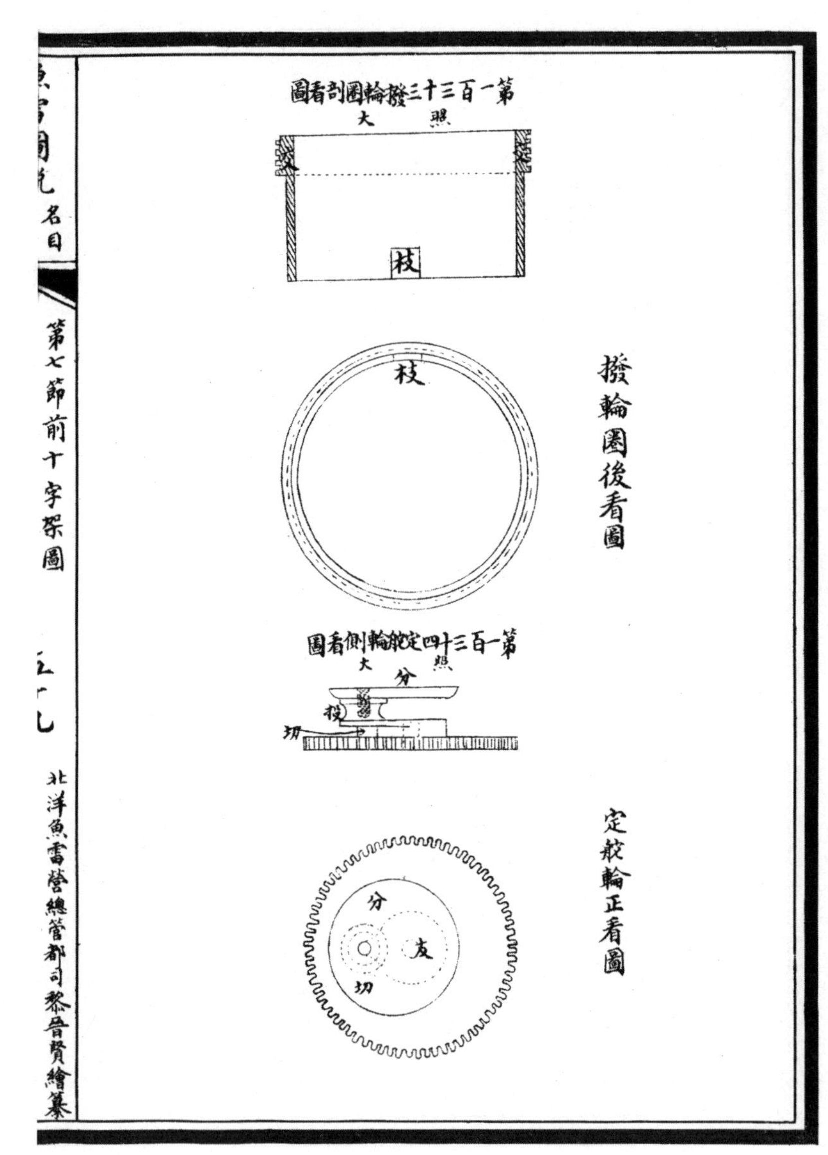

第一百三十三撥輪圈剖看圖
照大
交
交
枝
枝
撥輪圈後看圖
第一百三十四定舵輪側看圖
照大
分
撥
切
分
友
切
定舵輪正看圖
名目
第七節前十字架圖
北洋魚雷營總管都司黎晉賢繪纂

第一百三十五窰達輪正看圖照大

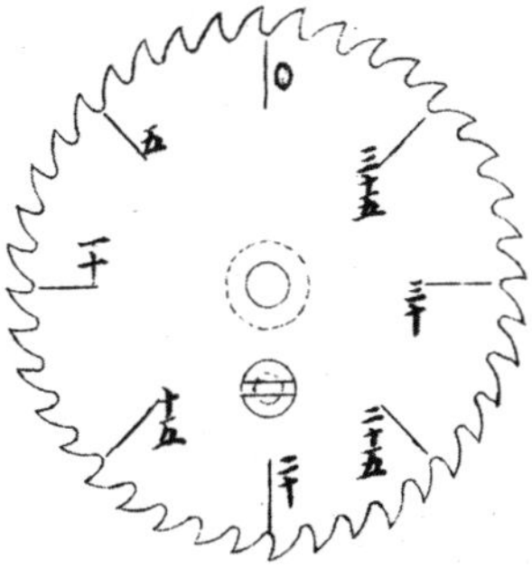

窰達輪側剖看圖

墊圈

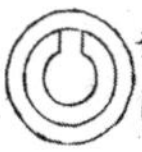

墊圈

第一百三十六定輪鑽正看圖照大

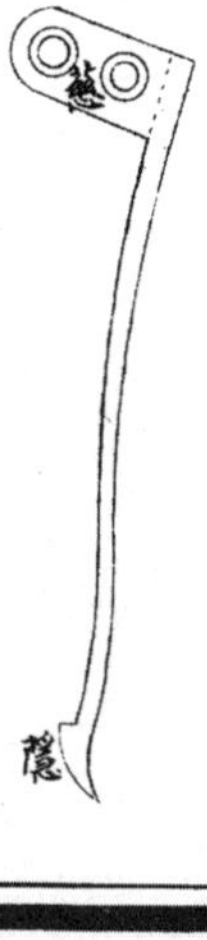

定輪鑽側看圖

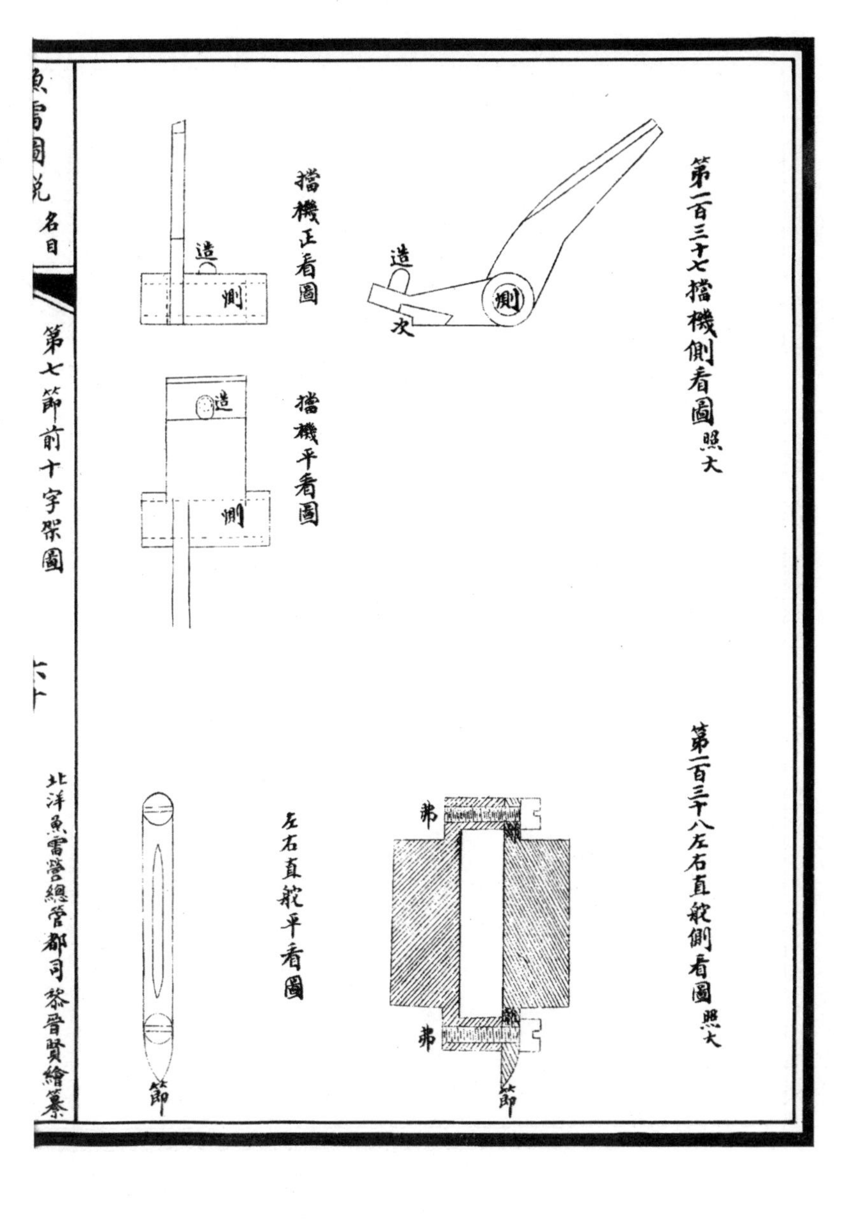

第一百三十七擋機側看圖照大
造
次
側
擋機正看圖
造
側
擋機平看圖
造
側
第一百三十八左右直舵側看圖照大
弗
弗
舵
節
左右直舵平看圖
節
魚雷圖說 名目
第七節前十字架圖
北洋魚雷營總管都司黎晉賢繪纂

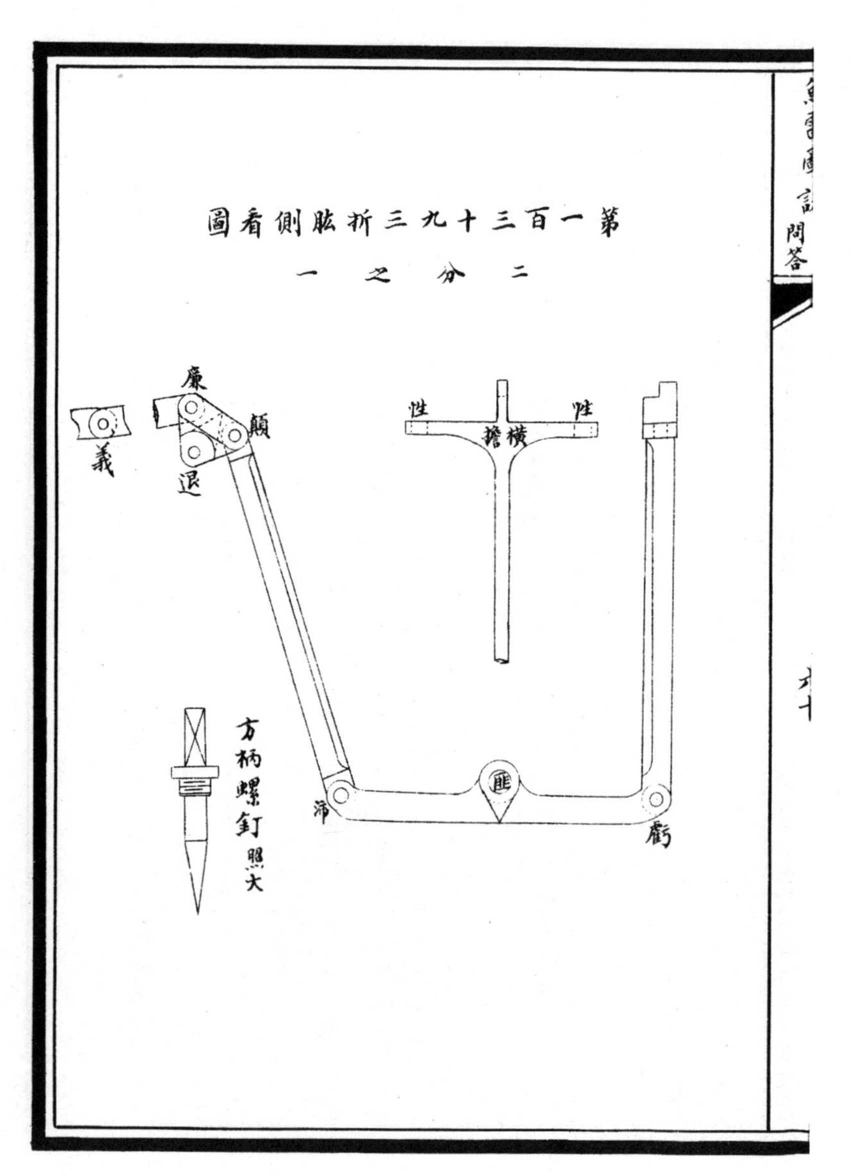
第一百三十九三折肱側看圖
二分之一
廉
顛
義
退
性
性
橫擔
匪
沛
虧
方柄螺釘照大

第七節前十字架説

十字架者。為安置各機件。以定魚雷之準向。自後向前看。一橫一直。形如十字。而其橫直之體。則以銅匡銅板為之。各制水力。如箭之有羽。使魚雷行駛平穩。無翻覆之虞。直板為立架。左右橫板為平架。前後圓鋒。使其破浪無阻。架中有空膛。分前後兩截。前膛內載停雷鐄。為司閉氣停雷之用。膛內有隔堵。為停雷鐄伸出之限。上有擋機。其為用也。臨射雷之時。用手器撥套鐄筒向前。以緊停雷鐄。則擋機之頭向下。擋壓套鐄筒。使不能退回。俟雷行足所定之數。由密達輪之偏心。帶壓擋機之尾向下。而擋機頭自昂。則停雷鐄撐開套鐄筒向後。帶動停雷桿。而第四

北洋魚雷營總管都司黎晉賢繪纂

節之氣自閉○雷自停矣○後膛內藏撥輪圈○隨輪軸而轉○為撥定舵輪之用○凡輪葉旋轉一週○則撥輪圈亦轉一週○而定舵輪則過一齒○定舵輪共有七十五齒○每轉一週○則窑達輪只行一齒○以定雷行遠近之數○故窑達輪每轉一齒○雷行五十窑達之遠○平時操雷○距靶四百窑達○則應定八齒可到靶矣○因欲令其過靶然後躍出○故須定九齒○使雷由靶下穿過○而不躍碰○兩無損傷○其上下立架各有扁筍○上有螺孔○為接合升降舵架○下架之扁筍○鏇空其中○為安置三折肱之地位○上下各有定準脊○為定正魚雷入礮之用○平架邊各有圓管○為套連升降舵架兩圓柱之用○左右橫板面上○各置小直舵○尾端有月牙尺○刻畫度數○此

件之設。為較正魚雷方向。若雷偏向左。則移用右舵。偏向右。則移左舵各若干度以消息之。其月牙尺所刻之度數。按週圜三百六十度。而月牙尺僅刻二十度者。以魚雷偏度不多。此數足用也。按直舵在初度時。每偏一度。則魚雷行至四百密達遠。約偏四五密達。若在十度以外。則每偏一度。雷行至四百密達遠。約偏十密達矣。所謂近差毫釐。遠謬千里。凡魚雷新造成初放之時。恆偏向左。因立架左旁附密達輪定舵輪各件。微有生阻力。故雷尾被水力激壓向右。而雷頭則偏向左矣。故須酌用右舵以定準之。惟魚雷駛行水中靈活異常。若十字架稍有絲毫偏倚。則升降方向皆不能準。蓋十字架面積甚大。受水力重。若

北洋魚雷營總管都司黎晉賢繪纂

立架微有偏倚。則雷行方向無準。若平架微有不正。則雷行升降不靈。全賴定雷工匠時刻留心查較。於廠中收儲運用。官弁留心於船庫也。今繪圖十種。問答十條。

第七節前十字架問答

問十字架上有多少機件是何名目。◯答曰。停雷鐀。曰套鐀筒。此二者。借此節機件之力。以達第四節之機。而閉氣停雷也。曰撥輪圈。曰定舵輪。曰密達輪。曰定輪鐀。曰擋機。曰左右直舵。此六者。本體應用之具也。曰三折肱。亦借路之具。為傳拉舵機之力。而運動第九節之升降舵。共計機件九宗。連架身合成一節。

問何謂停雷鐀。◯答曰。停雷鐀。用三密里半徑鋼條。盤成十五週。盤圓外徑四十九密里。套於四坡輪艙尾管之上。前端直抵管上圓肩。後端抵壓套鐀筒之子口。俟雷行足所定之數。

北洋魚雷營總管都司黎晉賢繪纂

擋機頭向上脱開。則此鑽撐開套鑽筩向後。帶動停雷桿。以閉第四節之氣雷。即停矣。現在新式。改用五金銀條。

問套鑽筩何用。〇答曰。套鑽筩內藏停雷鑽。皆套於四坡輪艙尾管之上。前口下邊有長槽如(兄)。為套合四坡輪艙管肩之凸乳。以免鑽筩左右旋轉。筩上有扁耳如(弟)。為受手器撥套鑽筩向前。以緊停雷鑽之用。扁耳上端有螺孔如(同)。為受螺釘。以接連停雷桿。筩後有子口如(氣)。為停雷鑽抵壓之處。筩底上邊。鑲焊硬銅塊如(連)。以抵擋機磨壓之力。筩後壓一厚牛皮圈。以防停雷鑽。撐開套鑽筩向後之時。與艙內隔堵相碰。擊撞受傷也。

問撥輪圈何用○◯答曰○撥輪圈後口有小槽如(枝)○為受銅錠鑲套於後坡輪尾管之上○居前葉輪之前○隨後坡輪旋轉○前口外週有左螺紋如(交)○為撥定舵輪之用○其用左螺紋者○令定舵輪順向後而轉○因撥輪圈隨後坡輪轉右○若用右螺紋○則定舵輪倒向前而轉○不能撥動密達輪矣○故機件雖小○而各有專用○關係甚大○

問定舵輪何用○◯答曰○定舵輪中有圓孔如(反)○為受螺釘鑲於上立架之鼻○週邊有七十五齒○交合撥輪圈之螺絲○上有偏心蒂如(投)○為撥定舵桿向後○拉定舵鉤脫離升降盤○使升降桿得以啟拉舵機之氣眼○而運動第九節之升降舵○舵蒂上有

螺眼。為受螺釘。旋緊圓銅餅如分。以制定舵桿。使不脫落。內有凸齒如切。為撥轉密達輪之用。

問密達輪何用。○答曰。密達輪為定雷行遠近之數也。週邊有四十齒。每五齒有一線痕。刻有碼數字樣。以為程式。每齒約管雷行五十密達。平常操雷。恆用九齒。因欲令過四百密達躍出。以防碰靶受傷。故多定一齒輪。心有轂如磨。外週光滑。嵌於上立架腹中之圓孔。令其旋轉靈活。轂後有凸齒如識。為套合墊圈之缺口。使墊圈隨密達輪而轉。轂中有螺孔如規。為受螺釘。以旋緊密達輪。其輪面上有偏心螺蒂如仁。為魚雷行足所定之數。則此蒂恰轉至擋機之處。壓擋機尾向下。而擋機頭自昻。使停雷鐄撑向後。而帶動停雷桿。以閉第四節之氣門也。

問何謂定輪鐄◯答曰。專為定窰達輪旋轉之用。緣窰達輪轉動靈活。若無此鐄以制之。則定舵輪撥動時。窰達輪必致快旋無準矣。此鐄用上等燐銅製成。上端有兩眼如（慈）。為受螺鍵。鑲於上立架左旁。下端有鈎如（隱）。為鈎定窰達輪令定舵輪旋一週。恰合窰達輪轉一齒。互相制而記之。

問擋機何用◯答曰。擋機中有圓管如（惻）為受螺釘。鑲連於十字架前截艙內。機尾由艙壳上之扁槽通於外。貼於窰達輪之面。機頭上有小釘如（造）。為定小撑鐄。使不脫落。機頭下有

北洋魚雷營總管都司黎晉賢繪纂

曲口如（次）。鑲焊硬銅塊。擋壓套鑽筒之後。以防久磨受傷。其為用也。臨射雷之時。用手器撥套鑽筒向前。則小撑鑽壓機頭向下。以擋套鑽筒。俟雷行足所定之數。密達輪偏心帶壓機尾向下。則機頭之曲口。脫離套鑽筒。則停雷鑽撑開矣。

問左右直舵何用。答曰。為主魚雷左右偏向。以較正者也。每舵分上下兩葉。下半葉在橫板下面。上半葉在橫板上面。而下半葉前後各有螺管如（弗）。前管套入架上之圓孔。後管套入月牙。槽恰與架面平。再以上半葉配合之。而上半葉前後兩孔如（離）。恰對合下半葉之螺管。以兩螺釘旋定之。後端有准尖如（節）。為指月牙尺之度數。以定用舵之多寡。而較正魚雷○舵葉前後鋒削○取其破浪無阻力○而月牙尺所刻度數○新舊式不同○舊式魚雷刻三十度○而新式魚雷則刻二十度○緣製造家日事求精○於以見近日魚雷之偏向甚少也○

問三折肱何用○◯答曰○三折肱為第四節借路於此節○以達後節之機○非本體應用之具○因雙葉螺輪在升降舵架之前○居十字架之後○兩架相距之間○必須讓雙葉螺輪旋轉地位○故運舵之機具○必須循十字架曲折旋繞○方可達至第九節○如人之臂○探入曲櫝之中○以指作用○故謂之三折肱○第一段藏於十字架艙內前端○有陰筍如(義)○上有螺孔○為受方柄螺釘○接連拉舵長桿○後端接連三角筍如(廉)○而三角筍下有孔如

退。鑲於艙壳後口。令其伸縮靈活也。第二段貼於立架之後。上端接連三角筍如顱。下端接合主肱前端之活節如沛。主肱藏於下立架扁筍之槽。中有孔如匪。為受釘軸。鑲挂於立架扁筍之耳。後端亦有活節。接連第四節下端陽筍如虧。上有横擔。左右各有孔如性。為套接兩螺夾。以達升降舵也。

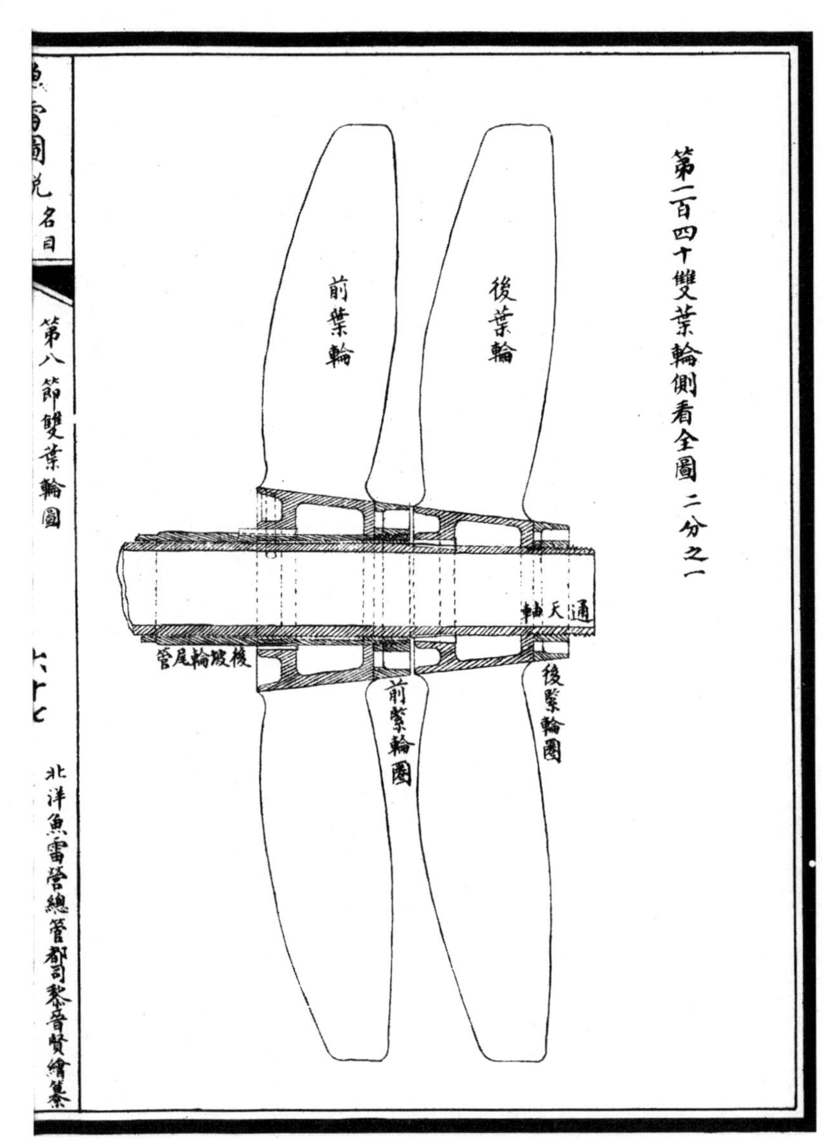
第一百四十雙葉輪側看全圖 二分之一
前葉輪
後葉輪
通天軸
後被輪尾管
前緊輪圈
後緊輪圈
魚雷圖說 名目
第八節雙葉輪圖
北洋魚雷營總管都司黎晉賢繪纂

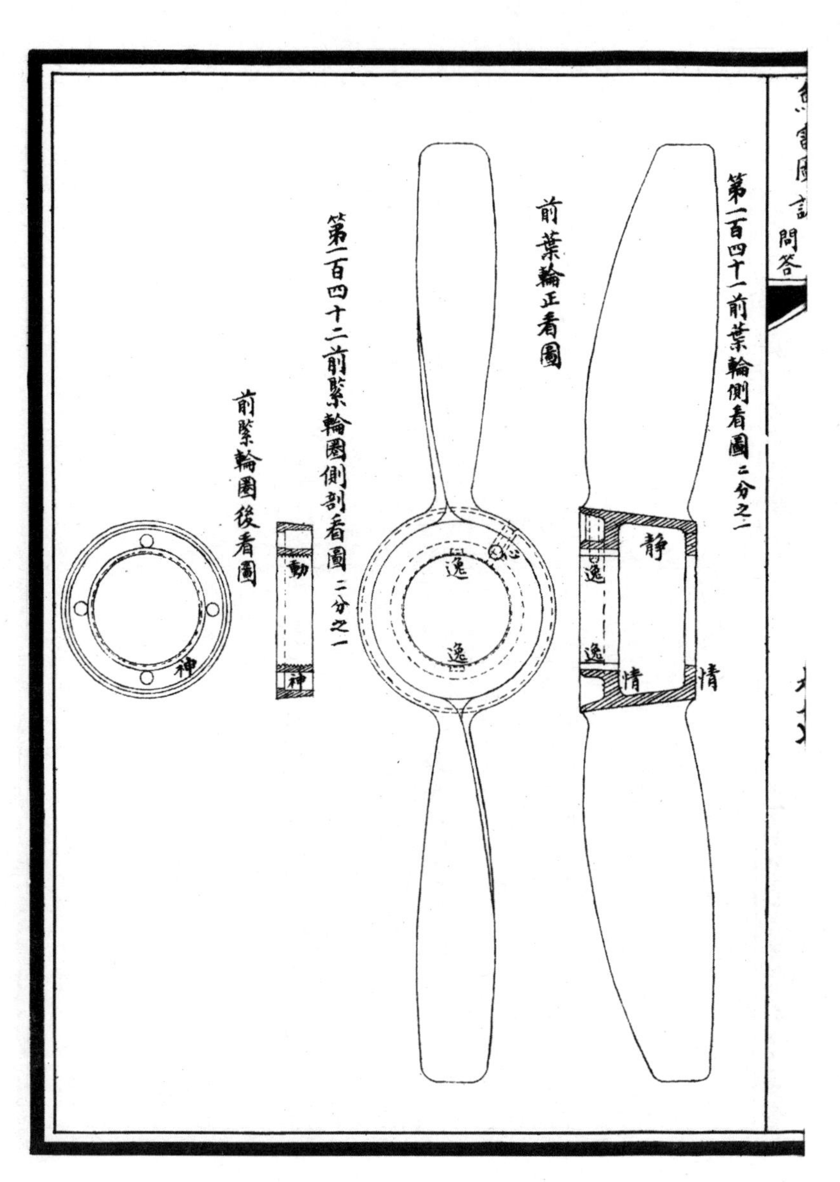
第一百四十一前葉輪側看圖 二分之一
前葉輪正看圖
第一百四十二前緊輪圈側剖看圖 二分之一
前緊輪圈後看圖
靜
情
情
逸
逸
動
神
神

第一百四十三後葉輪側看圖二分之一

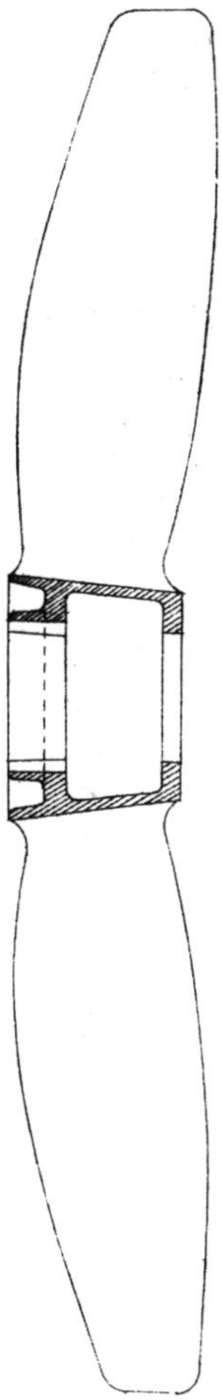

後葉輪正看圖

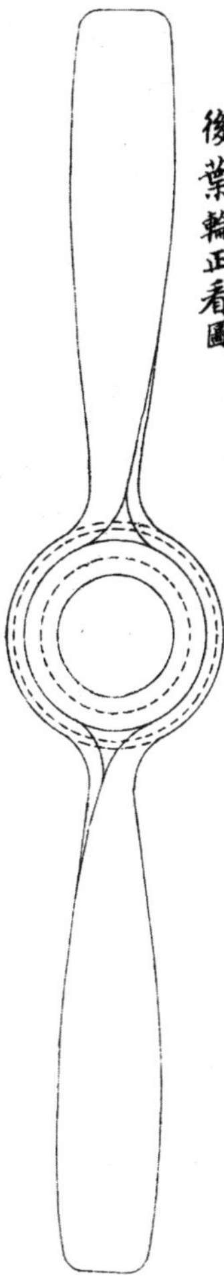

第一百四十四後緊輪圈側剖看圖

後緊輪圈後看圖

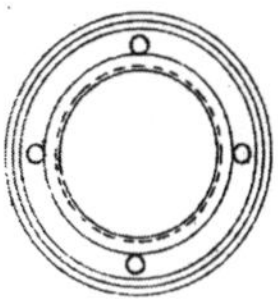

魚雷圖說 名目

第八節雙葉輪圖

六十八

北洋魚雷營總管都司黎晉賢繪纂

問答

第八節雙葉輪說

魚雷螺輪之形體。與輪船螺輪不同。而其功用之理相同也。螺輪初剏之時。輪葉環繞大軸之上。若螺絲然。厥後屢加試驗。迭出新製。即近日之螺輪是也。其輪葉旋轉之路。為螺絲形。與螺釘旋入木內同理。試將螺釘之絲紋截短。只剩一週。再將絲紋銼去數缺。旋入木內。亦能進退也。螺輪在水中行駛。亦同此理。惟螺絲在定質內旋轉一週。其所行之路。與螺距等。而螺輪行於水中。則減於螺距當行之路者。因有磨靡之力。與水讓輪之力焉。譬若魚雷之雙葉輪。其螺距為一窓達。則螺輪轉一週。應行一窓達矣。乃窓達輪行一齒。螺輪旋轉七十五週。而魚雷僅

北洋魚雷營總管都司黎晉賢繪纂

約行五十密達遠者○亦因此之故○螺距者○即每週螺絲紋相距之路○如將一線繞於大軸之上○照螺紋之理○其各線相距之路○即螺距也○雙葉輪分前後兩箇○前葉輪鑲於後坡輪尾管○向右旋轉○而後葉輪則鑲於通天軸○向左而轉○一旋左○一旋右○令其激水平勻○無偏倚之弊○今繪圖五種○問答五條○

第八節雙葉輪問答

問何謂雙葉輪。◯答曰。輪船螺輪之制。葉數不一。舊式螺輪。有五葉六葉者。近日所用。亦有三葉四葉不等。而魚雷之螺輪。則用兩葉。故謂之雙葉輪。惟螺輪之有數葉者。與螺絲之有幾扣絲紋者同理。譬如雙葉螺輪。即兩扣絲紋之螺絲。若三葉螺輪。即三扣絲紋之螺絲也。實異形而同理。其用葉數之多寡。本無一定之法。固有宜於彼而不宜於此。當配合其所推動之物。與機器之力耳。輪船凡用兩輪。則分左右。而魚雷兩輪。則分前後。用法又不相同也。

問前葉輪何用。◯答曰。前葉輪左右兩葉。中有空膛。如靜。取其

北洋魚雷營總管都司麥錫賢繪纂

輕靈也○前後各有子口如(情)○前口大而後口小○前口左右各有小方槽如(逸)○為受銅錠鑲於後坡輪尾管之上隨後坡輪向右旋轉○後口平面上有一螺孔如(心)○為受螺釘管定緊輪圈○以免悞脱之虞○

問前緊輪圈何用○◯答曰○為緊前葉輪之用○圈内有螺紋如(動)○為旋合後坡輪尾管之螺絲○以壓緊葉輪○後有空槽如(神)○槽内有四孔○為受手器合卸之處○

問後葉輪何用○◯答曰○形式與前葉輪同○惟前葉輪係右螺紋○故隨後坡輪向右而轉○而後葉輪為左螺紋○故緊鑲於通天軸之尾○隨軸向左而轉也○

問後緊輪圈何用。○答曰。此圈用法形式。與前緊輪圈皆同。惟前緊輪圈。旋於後坡輪之後。而此圈則旋於通天軸之尾。以緊後葉輪。故比前圈畧小耳。

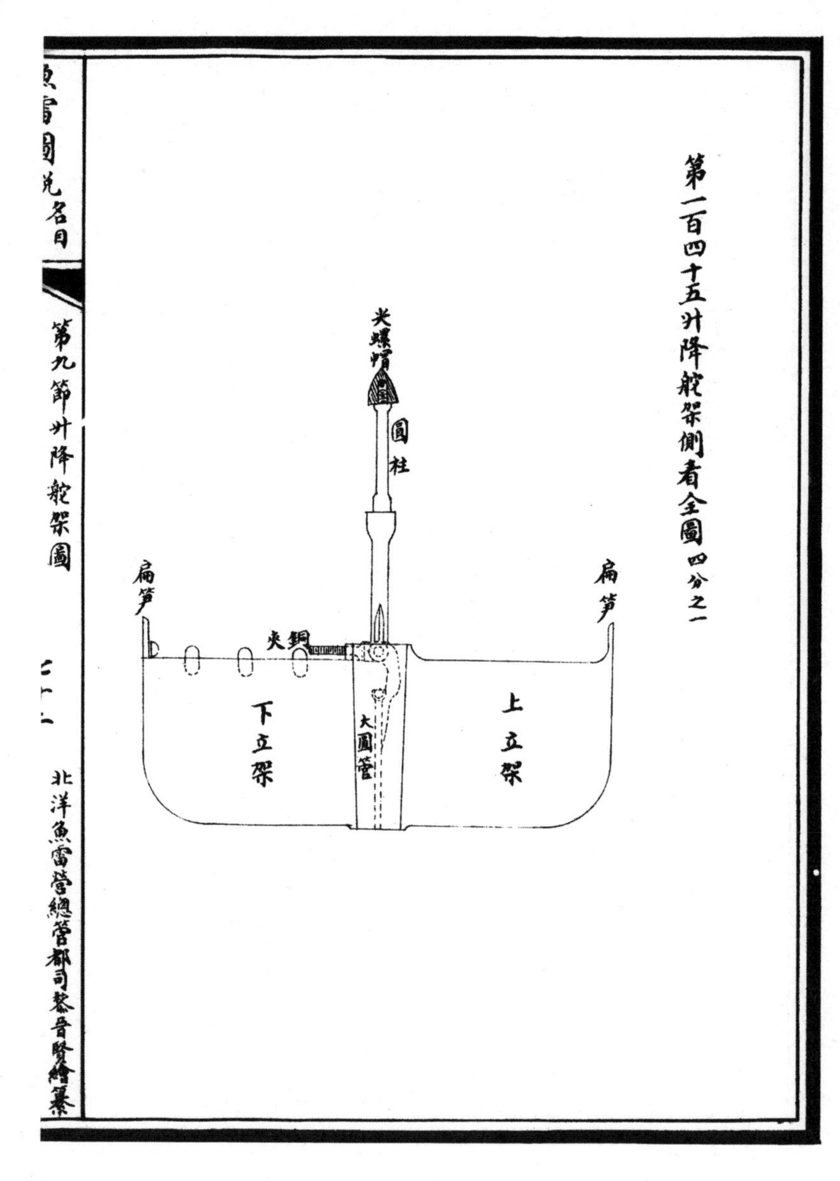
魚雷圖說名目
第九節升降舵架圖
二八七
北洋魚雷營總管都司蔡晋賢繪纂
第一百四十五升降舵架側看全圖四分之一
尖螺帽
圓柱
扁笋
扁笋
夾銅
下立架
大圓管
上立架

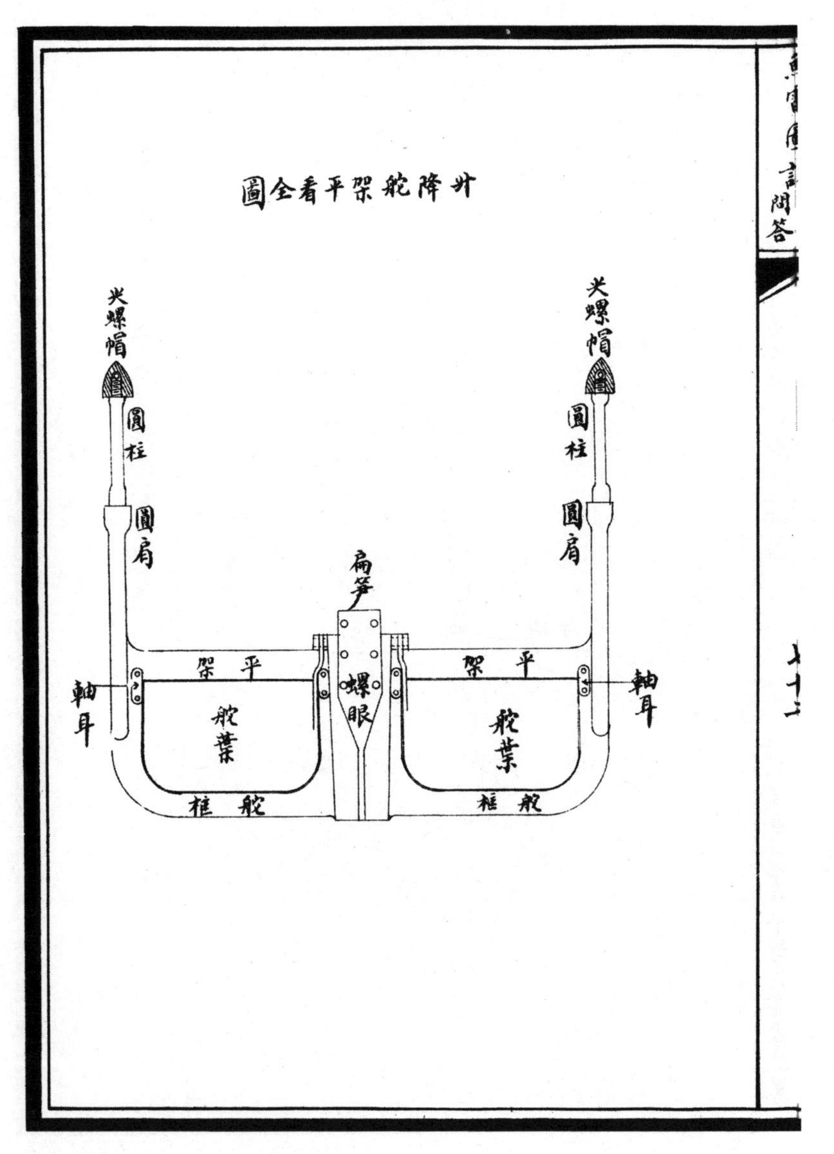
升降舵架平看全圖
尖螺帽
圓柱
圓肩
尖螺帽
圓柱
圓肩
扁筍
平架
平架
螺眼
軸耳
軸耳
舵葉
舵葉
舵框
舵框

第一百四十六升降左舵葉平看圖

二分之一

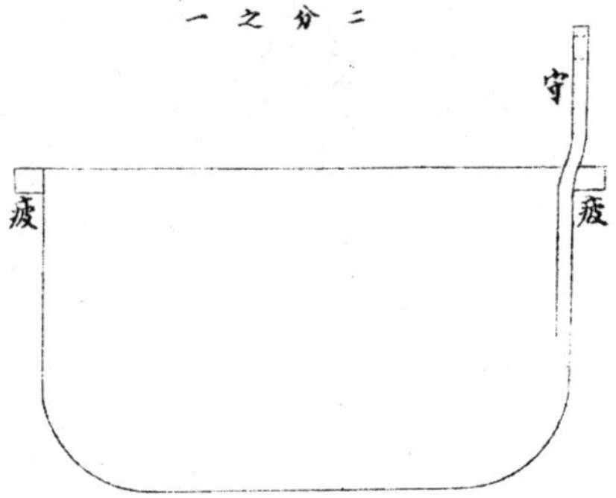

升降左舵葉側看圖

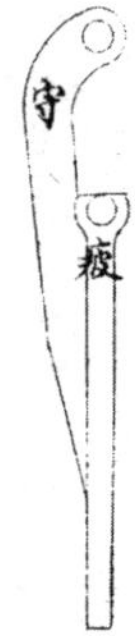

升降右舵葉平看圖

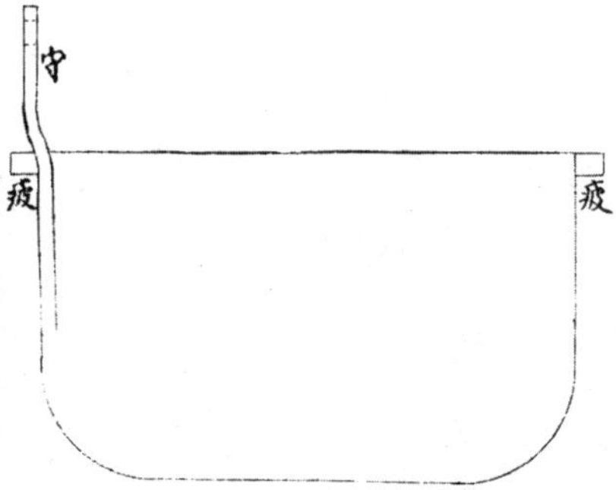

升降右舵葉側看圖

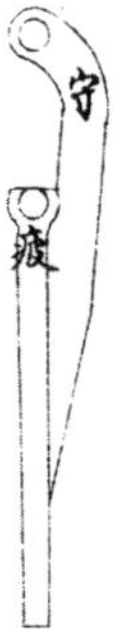

第一百四十七軸耳平看圖 照大

軸耳側剖看圖

第一百四十八螺夾平看圖 照大

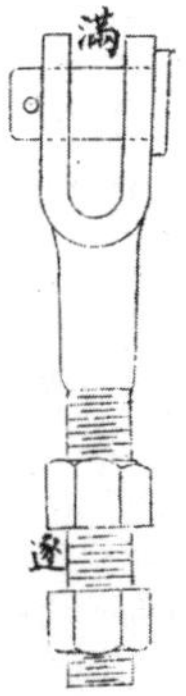

螺夾側看圖

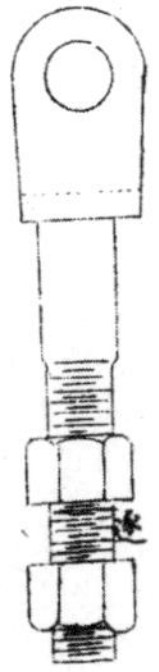

第一百四十九尖螺帽剖看圖 照大

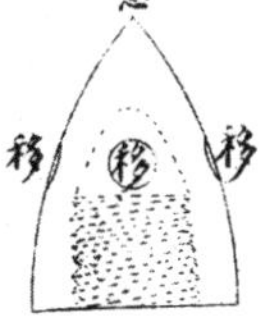

尖螺帽平看圖

第九節升降舵架說

升降舵架者。為魚雷第九節。內藏升降舵。以傳接前節之機件。而運動舵葉。以升降魚雷也。惟此節之舵葉。專主魚雷之升降。而運動舵葉者。則又藉各機之力。自第二節深淺機。而達至此節。曲折旋繞。機件甚繁。其造各機件之大小。受力之強弱。罔不各臻奥妙。相輔而行。以成此利器也。剏造者之心思妙算。可謂至矣。升降兩舵。置於十字架橫板左右。賴三折肱運動以為低昂。三折肱之後節。架面釘焊銅夾以護之。以免偏倚。立架上下各有扁筩。筩上有螺眼六箇。為受螺釘。以鑲合前十字架。其平架前端各有圓柱。套接前十字架左右兩圓管。柱上有圓肩。為

北洋魚雷營總管都司黎晉賢繪纂

套入圓管之限。柱端有螺嘴。爲受尖螺帽以旋緊之。與前十字架連成一體。甚爲堅固。平架左右各有舵桂。爲容舵葉升降之地位。舵桂之前各有方口。另有兩螺眼。用螺釘旋受軸耳。以套合舵葉之圓軸。令舵葉升降靈活。架中有大圓管。以接連通天軸。爲洩迴氣之處。今繪圖五種。問答四條。

第九節升降舵架問答

問升降舵葉何用。◯答曰。舵葉之用。為受水壓力。以升降魚雷也。凡魚雷入水過於所定之限。則舵葉向上。受水激力壓雷尾向下。故魚雷向上而行。若魚雷入水不及所定之數。則舵葉反下。魚雷亦向下而行。因舵葉在水中。受壓力甚重。若雷循所定之限而行。則第二節活銅餅。及擺鉈皆居中。而舵葉與架面平。無水壓之力。魚雷亦平正而行矣。舵葉分左右兩扇。藏於平架上。舵框左右有圓軸如(疲)。為套合軸耳。以便升降運動。舵之前向有鼻如(守)。鼻端有圓孔。為受軸鎖。以接連螺夾之用。

北洋魚雷營總管都司黎晉賢繪纂

問軸耳何用。◯答曰。軸耳兩端各有眼如(真)。為受螺釘。鑲合舵柱之方口。中有圓孔如(志)。為套舵葉之圓軸。惟圓軸與圓孔必須磨合而成。以免有鬆緊不靈之患。每舵葉需用軸耳兩箇。共成四箇。其用法形式同一律也。

問螺夾何用。◯答曰。螺夾上有鉗口如(滿)。鉗中有孔。為受軸銷。以接連舵葉之鼻。下端有螺紋如(逐)。為受螺母。以夾緊三折肱尾段之橫擔。上下各有螺母一箇。以便較定舵葉之用。

問尖螺帽何用。◯答曰。螺帽內有螺紋如(物)。旋合舵架柱端之螺嘴。以接連前十字架頭。前尖圓如(意)。使其破浪無阻力。且裝雷入礮之時。雷礮內撥舌之槽。恰夾於螺帽之尖。以免魚

雷悞脱也○螺尖之上有孔如移上下左右相通○為受手器合卸之處○

以上繪圖一百四十九種○説畧十四條○問答一百四十九條○魚雷全體用法理法○畧備於此○為初學入門之徑○學者宜熟習深求之○

魚雷圖說問答
十七

魚雷圖說上冊各節筆誤

一魚雷取義似魚啣物似字誤寫以字啣字誤寫啣字

一魚雷大小分為九節下有停雷鐄下字誤寫卜字

操雷頭問答問鐵餅木餅撐条何用鐵字誤寫儎字

戰雷頭問答曰保險銅片誤加圈於保險兩字之間曰乾棉藥管誤加圈於乾字之處

第二十九深淺機剖看並正看全圖管舵臂並橫定軸兩名目之字因地位少故距物件頗遠應添線連至物件使學者一目了然

問何謂銅機殼子口內週有、、八螺釘口字誤寫曰字有一小螺眼如珍查珍字未加大圈

魚雷圖說下册各節筆誤

第四節機器艙説 由三叉分氣管之右管而出叉字誤寫又字三叉分氣管左管之氣亦誤寫又字

問壓鑕何用 用五密里半大鋼条盤成十八週半字不甚清楚

問小鞲錍缸何用為旋接三叉氣管 叉字誤寫又字

問三叉分氣管何用其形如叉 叉字誤寫又字

第六節四坡輪艙説與左右兩坡輪相接尾有長管 在尾字處之圈錯誤